KB126069

내 아이의 창의력을 키우는 비법

내 아이의 창의력을 키우는 비법

초 판 1쇄 2020년 07월 16일

지은이 김문수
펴낸이 류종렬

펴낸곳 미다스북스
총괄실장 명상완
책임편집 이다경
책임진행 박새연 김가영 신은서
본문교정 최은혜 강윤희 정은희 정필례

등록 2001년 3월 21일 제2001-000040호
주소 서울시 마포구 양화로 133 서교타워 711호
전화 02) 322-7802~3
팩스 02) 6007-1845
블로그 http://blog.naver.com/midasbooks
전자주소 midasbooks@hanmail.net
페이스북 https://www.facebook.com/midasbooks425

© 김문수, 미다스북스 2020, *Printed in Korea.*

ISBN 978-89-6637-823-4 03590

값 **15,000원**

미다스북스는 다음세대에게 필요한 지혜와 교양을 생각합니다.

4차 산업혁명시대, 교육의 핵심 키워드는 '창의력'이다!

내 아이의 창의력을 키우는 비법

김문수 지음

미다스북스

공부를 잘하는 아이로 키울 것인가?
행복을 느낄 줄 아는 아이로 키울 것인가?

지금은 세계가 신종 코로나 바이러스(COVID-19)로 인해 몹시 불안정한 시기다. 사람들은 집에서 벗어나길 꺼리고 많은 인원이 모이는 행사는 자체적으로 취소되었다. 초중고교와 학원 등의 교육기관은 임시로 문을 닫았다. 국가 간의 비행 노선은 운행이 중단되었다. 프랑스 파리에 사는 후배는 정부에서 외출금지령이 내려졌다고 텅 빈 거리를 사진으로 보내왔다. 질병이나 재난을 소재로 한 영화에서나 보던 상황을 우리는 지금 경험하고 있는 것이다. COVID-19는 2019년 12월에 중국 우한에서 발병되어 전 세계에 창궐하기까지 몇 개월이 걸리지 않았다.

2020년 3월 12일 세계보건기구(WHO)에서는 팬데믹(PANDEMIC)을 선언했다. WHO의 안일한 대처가 팬데믹을 불러왔다는 세계의 비난을 면치 못하고 있다. COVID-19는 사람들의 생활 패턴을 바꾸었다. 언제까지 지속될지는 모르겠으나 세계의 경제 구조와 국가 간의 관계가 재정립되고 있는 상황이다. 나는 이러한 상황에서 이 책을 집필하였다. 외국으로 왕래가 많았던 업무가 일체 중단되어 오히려 기회가 되었다. 그동안 아내와 아이들은 나에게 자녀 교육법을 책으로 만들어 달라고 요청해왔다. 나는 두 아들을 두었다. 큰아이는 29세, 작은아이는 24세다. 아이들은 20대에 자기 정체성을 확립하고 활기차게 생활하고 있는 청년들이다. 큰아이는 패션디자인을 전공했지만 일찌감치 전공을 바꾸어 공인중개사 자격증을 취득해 강남에서 부동산을 운영하고 있다. 작은아이는 주입식 교육의 학교생활에 염증을 느껴 고교 1년을 중퇴하고 중국 하얼빈에 가서 가전제품 판매하는 일을 하였다. 사장의 눈에 들어 개인 비서 겸 자금 담당을 맡아 사장을 보필하며 중국 전역을 다녔다. 그 후 세계여행을 하며 안목을 넓히고 귀국하여 검정고시와 군복무를 마치고 스스로 공부에 전념하더니 중국으로 대학을 갔다. 북경외국어대학교에서 국제경영학을 전공하고 있다.

아이들은 성공을 향한 투지가 강하고 현재 자신들의 생활에 매우 만족해한다. 자기들을 교육시킨 아빠의 자유롭고 창의적인 교육법을 세상에 알려달라고 종용했다. 아이들은 학교 공부에 치이는 우리나라 초중고교 아이들이 너무 불쌍하다고 이야기해왔다. 나는 그동안 아이들 성장일기를 써오며 나중에 책으로 내려 했다. 그런데 이번 코로나 사태가 오히려 책을 집필하는 기회가 되었다. 아이들은 내가 학부모 상담, 청소년 상담, 진로 상담, 고민 상담으로 한국의 학부모와 청소년들에게 도움이 되기를 원한다. 그동안 아이들의 친구와 후배들, 아내의 친구들과 동생들, 여러 학부모가 적지 않게 상담해왔다. 대학 입시에 초점이 맞추어져 있는 우리나라 주입식의 교육 시스템 속에서 부모들이 선택할 수 있는 것은 많지 않다. 좋은 학원, 좋은 과외 선생을 찾는 것이 고작이다. 나는 갈피를 잡지 못하고 지켜보아야만 하는 부모와 갑갑해하는 아이들과 많은 이야기를 나누었다. 이 책은 아이들을 키우며 성장일기를 쓴 내용을 바탕으로 썼다. 아이들과 대화하고 경험했던 일, 나의 교육 철학과 창의적인 역사 인물, 4차 산업혁명에 필요한 교육을 망라했다. 쉽게 읽히는 책을 쓰려고 노력했다. 우리나라의 주입식 교육 시스템은 변해야 한다. 거기에 대한 대안을 적었다. 상담을 하며 확실하게 알게 된 것이 있다. 부모들의 공통점은 조바심이 있다는 것이고 아이들의 공통점은 답답함에 몸부림을 친다는 것이다.

/ 아이들은 DNA 속에 미래 경쟁력을 가지고 태어났다 /

요즘 아이들은 DNA 속에 미래 경쟁력을 가지고 태어났다. 위험한 생각일 수도 있지만 내가 오랫동안 아이들과 청소년들을 관찰한 결과는 그렇다. 아이들은 영민하고 자기 주장이 분명했다. 독일의 철학자 헤겔은 '양질 변환의 법칙'에서 일정 수준의 양적 변화가 누적되면 어느 순간 질적인 변화로 이어진다고 말한다. 현대를 살고 있는 인류는 3차 산업혁명 이후 엄청난 양의 지식과 정보를 누적해왔다. 내부의 에너지가 축적되어 폭발의 때가 도래했다.

내 아이의 창의력을 키우는 비법

이 시대를 선도할 질적 정보가 이미 아이들의 DNA 속에 내재되어 있는 것이다. 우리가 살아온 세상과는 전혀 다른 생소한 세상이 열리고 있다. 우리는 아이들에게 귀를 기울여야 한다. 그래야 변화된 생소한 세상에 적응할 수 있다.

그리스 북부 마케도니아의 알렉산더 대왕과 철학자 디오게네스의 대화에서 나는 아이들의 햇볕을 가리는 어른들의 모습을 보았다. 386버전의 부모들이 인공지능과 양자컴퓨터 버전의 아이들을 가르치려고 한다. 이 책은 '아이들에게 내려쬐는 햇볕을 가리지 않도록 하는 것이 무엇일까? 학교 교육에만 의지할 수 없는 현실에 부모의 역할이 무엇인가?'를 생각해보았다. 아이 때는 작은 것이었지만 아이가 자라 어른이 되면 평생 따라다니는 것들이 있다. 아이의 마음은 하얀 도화지와 같아서 첫 물감이 중요하다. 부모는 아이의 마음에 첫 물감을 떨어뜨리는 사람이다. 히트곡이 그 가수의 운명에 어떤 영향을 미쳤는가를 조사했다. 작사가의 생각에 곡을 붙인 것이니 말의 창조성을 증명하기에 좋은 소재이다. 노래를 잘 부를 때까지 수없이 반복해서 불렀을 것이다. 조사 결과, 요절한 가수의 90%가 자신의 히트곡과 똑같은 삶을 살다가 갔다는 것이다. 말은 마음의 소리이고, 행위는 마음의 자취이다. 아이의 마음과 말이 미래의 자신에게 미치는 영향은 실로 엄청난 것이다. 부모는 그것을 코딩해줘야 한다.

/ 아이 속에 잠자는 거인을 깨워라 /

'지금 깨달은 것을 진작 알았더라면!'

우리는 살면서 이런 생각을 종종 한다. 나는 이 책에 알라딘의 마술램프에 숨어 있는 비밀을 적어놓았다. 아라비안나이트에 나오는 알라딘의 이야기는 우리를 신비의 동화 속으로 안내한다. 그러나 마술램프의 이야기는 단순한 동화가 아니다. 아라비아 현자들의 지혜가 고스란히 담겨 있는 이야기다. 아이들 속에는 마법의 거인 지니가 살고 있다. 원하는 것을 가질 수 있고, 되고 싶은 것으로 될 수 있고, 하고 싶은 것을 할 수 있게 해주는 거인 마법사가 살고 있다. 이 책에는 거인을 불러내는 방법, 거인에게 원하는 것을 요구하는 방법을 적어놓았다. 뒤늦게 깨달은 마술램프의 이야기를 내가 어릴 때부터 알았더라면?

아이들은 꽃보다 아름답다. 내 눈에는 세상에서 가장 아름다운 존재가 아이들이다. 나는 아이들의 모습에서 천국을 본다. 아이들의 모습에서 우리의 찬란한 미래를 본다. 나는 우리나라 젊은이들이 아이를 많이 낳았으면 좋겠는데, 요즘 저출산 문제가 심각하다고 하니 걱정이 된다. 많이 낳지 않는 이유는 경제적인 문제도 있지만 아이들 교육 문제를 어떻게 해결할지 답이 없기 때문이기도 하다. 사실 좋은 점수를 받기 위해서 학원을 보내야 하고, 그

내 아이의 창의력을 키우는 비법

들을 돌보는 데 드는 시간과 비용도 만만치가 않다. 나는 아이들을 학원에 한 번도 보내지 않았다. 아이들이 가고 싶어 하지도 않았지만 나도 보내고 싶은 마음이 전혀 없었다. 그래도 이만큼 잘 자랐고 본인들도 만족한다. 행복은 성적순이 아니다. 공부를 잘하는 아이로 키울 것인가? 행복을 느낄 줄 아는 아이로 키울 것인가? 이 책이 부모와 아이들, 부모가 될 젊은이들에게 위로가 되고 작은 희망을 줄 수 있으리라고 생각한다. 그리고 아이들 문제로 힘들어하는 대한민국 부모들에게 도움이 되기 바란다.

이 책이 나올 수 있도록 도움을 주신 〈한국책쓰기1인창업코칭협회〉의 김태광 대표님께 감사를 드린다. 책 쓰기 코칭을 도사처럼 잘한다고 해서 많은 작가들이 그를 '김도사'라 부른다. 만약에 김도사님을 만나지 못했다면 이 책이 빛을 보기까지 3년이 지났을지 10년이 지났을지 모른다. 책을 쓰고 싶은데 방법을 몰라 막막한 분들은 유튜브 〈김도사TV〉를 보기 바란다.

2020년 7월 대한민국 서울에서

/ CONTENTS /

PART 1   /

지금 아이에게
가장 필요한 것은
창의력이다

01 / 왜 지금 창의력인가?

/ 카멜레온은 투명으로도 변할까? /

"아빠! 카멜레온은 투명으로도 변할 수 있어요?"

아이가 어느 날 내게 질문을 했다. 평소 뜬금없는 물음을 쉴 새 없이 쏟아
내는 아이의 질문이 재미있고 사랑스러워서 나는 아이와의 대화에 푹 빠져
살았다. 시간이 허락될 때마다, 가능한 한 많은 시간을 할애해서 아이와 대
화를 했다. 주변 상황에 맞추어 몸의 색을 바꾼다는 카멜레온의 특성은 알
고 있었지만, 투명으로 변할 것이라는 생각은 평소에 호기심 많은 나도 한
번도 생각을 해보지 못한 것이었다.

"글쎄, 웬만한 색으로는 다 변할 수 있겠지만 투명으로 변한다는 생각은

해보지 못했는데, 갑자기 왜 카멜레온 얘기야?"

생각지도 못한 투명 카멜레온의 질문에 나는 호기심이 생겼다. 아이는 카멜레온이 어떤 색으로도 변한다면 유리 옆에서는 투명으로도 변하지 않겠냐는 것이다.

"만약 유리 옆에서 투명으로 변한다면 눈알도 투명으로 변해요? 피부만 변하고 눈알은 안 변한다면 눈만 공중에 둥둥 떠 있으니 무서울 것 같아요."

나는 아이의 생각이 재미있고 웃겼다.

"그게 우스운 거지 무서운 거냐?"
"저는 무서울 것 같아요. 무지개 옆에 서면 빨주노초파남보로 바쁠 것 같아요."
"한꺼번에 7가지 색으로 변하지 않을까? 바쁘게 변한다면 에너지 소모가 많을 것 같은데."

카멜레온을 연구해서 사람에게 적용하면 멋진 게 나올 것 같다는 아이의 말에 나는 나중에 기회가 되면 아마존 탐험을 가자며 대화를 마무리했다.

나는 오래전 아이와 이 대화를 나누며 미래에는 어떤 기술이 상용될 것이라는 막연한 생각을 했다. 최근 나는 형광 돼지의 탄생에 대한 정보를 접했다. 2007년의 기사지만 최근에 접한 것이다. 호주 일간지 중 하나인 〈데일리 텔레그래프(The Daily Telegraph)〉가 대만의 세계 최초 유전 공학 형광 돼지 성공 소식을 보도했다. '대만의 과학자들이 세계 최초로 몸의 안과 밖이 모두 형광인 유전공학 돼지의 개량 성공을 발표했다.'라는 소식을 시작으로 이 돼지가 가지는 특징을 설명하자면 유전공학으로 탄생된 이 돼지는 온몸에 형광 녹색 빛을 발한다. 국립 타이완대학 동물과학기술연구소의 우신치(Wu Shinn-Chih) 박사팀에 의해 탄생된 이 형광 돼지는 심장뿐 아니라 모든 내장 기관이 녹색을 띠고 있다. 우 교수는 이렇게 밝혔다.

"2003년 대만의 기업은 세계 최초로 빛을 발하는 물고기를 상업적으로 판매하기도 하였다. 그동안 유전공학 돼지들은 인간의 질병을 연구하는 데 사용되어왔다. 그동안 부분적 녹색빛을 내는 형광 돼지는 여러 곳에서 만들어졌으나, 우리가 만들어낸 이 돼지는 몸의 안과 밖이 모두 녹색빛을 내는 세계 최초의 형광 돼지이다."

최근에는 이러한 기술을 유전자 편집 기술이라고 부르는 것 같다. 돼지는 인간의 장기와 가장 닮아 있어 의학용으로 많은 연구가 되어왔고 이제 형광 토끼, 형광 소, 형광 멍멍이, 형광 고양이, 기타 등등 유전자 편집 기술을 동물 전반에 적용할 수 있는 영역까지 발전했다는 것을 알 수 있다. 이 기술을 생활 전반에 적용해보면 가로수가 밤이면 빛을 낼 수도 있고, 어항 속에서 다채로운 색을 뿜으며 유영하는 물고기들을 생각해볼 수도 있다. 아이가 생각했던 대로 형광 해파리가 아니라 카멜레온의 변색 기술을 돼지에 접목시킨다면 투명돼지가 나올 수 있지 않을까? 재미있는 상상을 해보지만 나는 전혀 불가능한 것은 아니라고 본다. 물론 자연의 섭리, 윤리와 도덕의 관점에서 기술의 위험성과 장단점을 논하자면 꽤나 복잡해진다. 나의 논점은 단지 아이가 생각했던 것과 유사한 신기술이 출현했음에 눈길이 간 것이다.

우리는 이미 인공지능의 기반 위에 소통하고 생활을 한다. 최근 수많은 학자가 4차 산업혁명을 이야기한다. 4차 산업혁명은 기술이 사회와 인간의 신체에도 내장되는 새로운 방식의 삶이 펼쳐지는 것이다. 4차 산업혁명은 로봇 공학, 인공지능, 나노 기술, 양자 프로그래밍, 생명 공학, 사물 인터넷을 비롯한 여러 분야에 적용되는 새로운 기술 혁신이다.

나는 아이가 생각한 카멜레온의 변신에 대한 유전자 편집 기술이 신의 창조 영역을 넘나드는 기술로 4차 산업혁명의 1순위라고 생각해본다. 기술은 논리와 과학을 바탕으로 진보해왔다. 하지만 논리와 과학은 인간의 상상력에 의지해 시작된 것이다. 아인슈타인은 이미 오래전에 이러한 말을 했다. "논리는 우리를 A에서 B로 데려다준다. 상상은 우리를 어디로든 데려다준

내 아이의 창의력을 키우는 비법

다." 이 말은 비단 과학적 상상만 이야기한 것이 아니라 아이의 창조적 상상이 이 시대에 펼쳐지는 것을 대변하는 말이다.

/ 아이의 생각은 상상을 초월한다 /

왜 지금 창의력인가? 기업은 물론이고 사회의 전 분야에서 창의적인 인재를 요구한다. 그렇다면 다음을 생각해볼 문제다. 창의력을 기르고 발휘해야 하는 때는 언제인가? 나는 단연코 어릴 때가 창의력을 키우고 발전시키기에 가장 좋은 때라고 생각한다.

"지금 존재하는 것들이 한때 상상 속에 있었다면 앞으로 존재하기 바라는 것들은 지금 상상 속에 있어야 한다."

19세기 중반 헨리 데이비드 소로(Henry David Thoreu)의 말이다. 나는 이 말을 무척 좋아한다. 우리는 지금 어릴 때 상상하던 세상보다 더 잘 살고 있다. 그러면 앞으로 펼쳐질 세상은 아이들이 지금 상상하는 세상인 것이다. 아이들에게 한계를 지우는 어리석음을 범하면 안 되는 이유가 여기에 있다. 특히 부모가 자신이 하지 못했던 한풀이식의 소망이나 자신이 생각하는 유망한 직업을 정해서 강요하는 방식은 참으로 위험하다.

생각의 한계를 벗어나는 것을 '상상을 초월한다'고 말한다. 우리는 살면서 수많은 일을 경험한다. 기쁨과 슬픔, 쉬운 일과 어려운 일 등 다양한 일을 겪으면서 각자의 한계를 짓고 거기에 갇힌다. 안타까운 일이지만 부모들의 인생은 스스로 지은 담장 안에서 안주하고자 한다. 시간이 지날수록 점점 더할 뿐이다. 자신의 경험에 비추어보아 넘을 벽인지 넘사벽인지 가능의 여부를 따져서 말하기 때문에 감당하지 못할 일을 '상상을 초월한다'고 말한다. 그러나 아이들은 삶의 경험이 없으니 만든 벽이 없다. 때문에 그들의 상상에는 한계가 없다. 형광 돼지 이야기는 상상을 초월한 생각이 현실이 된 실례다.

기성세대가 되어버린 나는 사실 4차 산업혁명의 시대를 맞이했다는 것을 실감하지 못하고 있다. 나름 호기심이 많아 독서를 좀 하고, 미래를 생각하고 탐구한다지만 신기술의 시대를 열어가기엔 현재에 너무 익숙해져 있다. 그래서 나는 아이의 상상을 초월하는 발상에 귀를 기울인다. 그들은 이미 미래에 적응하는 유전인자를 가지고 나왔다고 나는 믿는다. 그들은 엄마 아빠들이 낯설어하는 휴대폰의 온갖 기능과 게임기 조작하는 것을 두려워하지 않는다. 내가 어릴 때는 산과 들, 강과 운동장이라는 오프라인이 놀이터였다. 아이들은 게임 속으로 들어가 팀을 구성하고 전략을 짜고 공방을 하는 전투를 하고 논다. 그야말로 온라인이 놀이터가 되었다. 미래는 그들이 상상하는 대로 펼쳐진다. 그들이 온라인 게임에 빠져들고 전력을 기울이는 것은 그

내 아이의 창의력을 키우는 비법

들이 맞이해야 할 세상이 그 방식으로 컨트롤하는 세상이기 때문이다. 지금은 아이들의 창의력을 무한히 키워야 하는 때이다.

"논리는 우리를 A에서 B로 데려다준다. 상상은 우리를 어디로든 데려다준다." - 알베르트 아인슈타인

튀는 아이가 세상을 바꾼다

/ 아이의 꿈을 강요하지 말라 /

김포에 살고 있는 후배에게 연락이 왔다. 그는 ○○○회사의 기획을 맡고 있는 유능한 인재다. 국내뿐 아니라 외국계 회사와 조인해서 국제적인 프로젝트를 밥 먹듯이 해치우는 글로벌 인재다. 한강이 보이는 멋진 호텔을 예약해놓았으니 두 커플이 이런저런 이야기를 나누면서 주말을 보내자는 것이었다. 서로 빼곡한 일정 속에서 이런 시간을 내기가 쉽지가 않았다. 3개월 전부터 시간을 좀 내어달라는 이야기가 있었지만 취미를 같이 공유하는 것도 아니고 신변잡기의 잡담 이외는 딱히 주제가 없어서 나중으로 미루어왔는데, 호텔까지 잡아놨다고 한다. 이야기인즉 초등학교를 다니고 있는 아이의 교육 문제였다. 후배의 부인은 회계 전문가로 역시 바쁜 일정을 소화해내는 사람이다. 그들은 사회생활에 제 몫을 잘하고 있는 커플인데 문제는 아이의

내 아이의 창의력을 키우는 비법

교육이었다. 평소 내가 장난기가 많고 철부지처럼 아이들과 친구처럼 소통하는 아빠라는 것을 부인들끼리 얘기해온 터라 후배 부부는 작심을 하고 일정을 강요하다시피 한 것 같았다.

안경을 쓴 아이는 눈빛이 초롱초롱했다. 총기가 서린 아이의 자그마한 모습이 만화영화를 찢고 나와 내 앞에 서 있는 것만 같았다. 끊임없이 자기 의견을 내어놓는 아이에게 엄마는 말끝마다 "야, 너는 항상 네 할 일은 하지도 않고 그런 얘기만 하니?, 쟤는 커서 뭐가 되려고 저러는지 몰라?"라고 말했다. 아빠는 "너 자꾸 그러면 커서 이것을 못 한다, 저것을 못 한다, 게임만 그렇게 좋아하면 뭐가 되겠니?"라고 말했다. 아이는 엄마 얘기를 반박하고 가끔은 조곤조곤 불만을 쏟아냈다. 한 공간에서 그와 유사한 패턴의 대화를 반복해서 들으니 나의 영혼은 아이가 되어 몹시 불안하고 괴로웠다. 엄마에게 내 의견을 묵살당하고 꾸중을 듣는 것 같아 나는 시무룩해졌다. 아이에게 맛있는 과자를 사줄 테니 밖으로 나가자고 했다. 벽장 속에 갇힌 내 영혼은 과자를 핑계로 갑갑한 호텔에서 탈출했다. 아이는 나의 손을 냉큼 잡고 좋아하며 총총 따라나섰다. 마트에 들려 과자를 골랐다. 아이가 하나만 집어 들기에 나는 먹고 싶은 것 다 고르라고 했다.

"정말요?"

아이는 이것저것 한 보따리를 안고 왔다. 희색을 띠며 '대~애박 대~애박'을 연발했다. 아이는 마트를 나오면서 내 손을 잡더니 말한다.

"아빠는 제가 의사가 되길 바라요. 근데 저는 의사가 되고 싶은 생각이 1도 없거든요. 엄마는 제가 게임하는 걸 제일 싫어해요. 집에 CCTV가 설치되어 있어서 24시간 저를 감시해요. 저는 레고 놀이가 좋아요. 하루 종일 레고를 해도 지루하지가 않아요. 저는 과학자가 되고 싶어요."

아이는 엄마 아빠의 행동이 마음에 들지 않는다고 낱낱이 고자질을 하며 끊임없이 말을 쏟아냈다. 아이는 내게 학교 이야기도 들려줬다. 여러 이야기 중에 귀에 꽂힌 얘기는 선생님이 답답하다는 얘기였다. 그리고 학교 공부가 시시하다는 말을 반복했다. 나는 '그랬어?', '좋았겠다', '멋지네', '와우(Wow)', '굿(Good)', '뷰티풀(Beautiful)'을 연발하면서 아이와 주먹을 마주치기도 하고 하이파이브를 하며 유쾌한 시간을 보냈다.

아이는 영민했다. 자기 생각을 얘기할 때면 눈에 총기가 가득해서 별처럼 빛이 났다. 좋아하는 것이 무엇인지 분명하게 말할 줄 아는 아이로 목표도 분명했다. 막연하게 대통령, 군인이라고 말하는 것과 달랐다. 나는 아이의 분명한 어조에 엄숙함마저 느꼈다. 이 아이는 우뚝하게 튀는 아이라서 부모가 감당하기 부담스러웠을 것이다. 아이의 머리를 따라가기 어려웠을 것이다.

내 아이의 창의력을 키우는 비법

나는 아이의 이런 모습을 보며 행복했다. 얼마나 아름다운 모습인가. 자기 나름으로 미래를 설계하는 아이에게 아빠는 의사라는 직업을 목표로 만들어주었다. 아이는 하루하루 불만이 가득했고 행복하지 않았다.

/ 아이는 이미 진화되어 태어났다 /

나는 호텔로 다시 돌아가야 한다는 생각에 길 위에서 아이와의 대화를 마쳐야 할 것 같았다. 나는 아이에게 얘기했다. 멋진 얘기를 해주어서 고맙고 유쾌한 대화였다고 했다. 나는 과자 말고 한 가지 선물을 더 하고 싶다며, 조금 어려울 수도 있지만 꼭 기억해두라고 했다.

"생각대로 살지 않으면 사는 대로 생각하게 된다."

프랑스 시인의 말인데 나는 이 말을 참 좋아한다고 했다. 자주 만나지 못하더라도 오늘 우리의 대화를 기억하며, 이 말도 같이 기억해달라고 얘기했다. 몇 번을 따라 하게 했다. 아이는 또박또박하게 따라 했다. 무슨 뜻인지 알겠냐고 물었다.

"내 꿈대로 살라는 말씀이죠?"
"멋지다. 나는 네 꿈과 너의 지금 생각들을 응원한다. 네가 학교나 집에서 답답함을 느끼는 것은 특별하기 때문이야. 나는 지금 세계적으로 유명한 과학자가 된 너의 모습이 보인다. 고마워 멋쟁이."

아이는 나를 친구처럼 대했고, 나는 내심 그를 어른처럼 생각했다.

"You must live as you think, or sooner or later you will think as you live."
"당신이 생각하는 대로 살지 않으면 머지않아 곧 당신은 사는 대로 생각하게 될 것이다."

사람의 생각과 삶에 대한 이 유명한 말을 남긴 폴 발레리(Paul Valéry)는 1871년 남부 프랑스 항구 도시 세트에서 태어나 몽펠리에 대학에서 법률을 공부한 시인·사상가·평론가이다. 1917년 『젊은 파르크』를 발표하고, 1922년 시집 『매혹』을 발표함으로써 20세기 상징주의 시인 중 최고의 한 명으로 꼽히게 되었다. 발레리는 1945년 파리에서 죽었다. 드골 정부는 그의 장례식을 프랑스 국장으로 치르며 그를 예우했다. 20세기 전반기 유럽의 대표적인 지식인의 하나로 손꼽힌다. 대표작으로 시집 『젊은 파르크』, 논문 「정신의 위기」, 「현대의 고찰」, 평론집 『바리에테』 5권을 비롯하여 극작 「나의 파우스트」 등이 있다. 그는 문학계뿐만 아니라 과학계에서도 위대한 인물로 추앙을 받고 있다. 나에게 많은 영감을 주는 시, 그의 생각이 함축되어 있는 시를 한 편 소개한다.

내 아이의 창의력을 키우는 비법

〈석류〉

알맹이들의 과잉에 못 이겨
방긋 벌어진 단단한 석류들아
숱한 발견으로 파열한
지상의 이마를 보는 듯하다.

(중략)

비록 말라빠진 황금의 껍질이
어떤 힘의 요구에 따라
즙 든 붉은 보석들로 터진다 해도

이 빛나는 파열은
내 옛날의 영혼으로 하여금
자신의 비밀스런 구조를 꿈에 보게 한다.

그의 시는 상징과 비유에 풍부하다. 나는 길 위에서 나눈 미래 과학자와의
대화가 이 한 구절에 담겨 있다고 생각한다. 석류 알맹이들은 익어 붉게 터
지는 아이의 튀는 생각이다. 뜨거운 태양과 어리석고 오만한 어른들의 시달

림으로 그들의 생각을 묵살하기 요구한다. 즙이 든 보석들의 빛나는 파열은 이미 어른이 된 아이의 가슴에 심어진 꿈을 보게 한다.

아이와 나는 호텔 방으로 돌아왔다. 나는 마무리하면서 후배에게 조심스럽게 이야기했다.

1. 아이가 원하는 것이 무엇인지 귀를 기울여라.
2. 아이를 통해 너의 꿈을 이루려 하지 말라.
3. 아이에게 하는 말을 긍정으로 재정비하라.
4. 아이에게 하는 말은 고성능 레코드에 녹음하는 것이다.
5. 아이는 이미 너의 생각을 넘어서 있다.
6. 아이를 가르치려 하지 말고 판을 깔아주어라.

아이에게 준 선물 얘기도 했다.

"생각대로 살지 않으면 사는 대로 생각하게 된다." - 폴 발레리

03 / **부모의 믿음이 아이의 운명을 바꾼다**

/ **부모와 자식은 자석처럼 서로 끌어당긴다** /

아내에게 전화가 왔다. 울부짖는 소리였다.

"아이가 없어졌어요."

울다가 지쳐 거의 탈진한 목소리였는데 나는 오히려 침착해졌다. 아이가 사라졌다는 것이다. 방과 후 12시 정도면 집으로 돌아와야 할 시간인데 1시까지 기다려도 아이가 오지 않았다. 친구들 집에 연락도 해보고 갈 만한 곳은 다 찾아봤지만 없다는 것이다. 그 이후 5시간이 지날 때까지 아내는 얼마나 당황했을까? 1년 전에도 아이가 사라져서 실종 신고까지 했던 소동이 있었다. 당시 아이는 집 근처 학교에서 진행하는 형의 '해양소년단 캠프'에 찾아가 텐트에서 놀다가 잠이 든 것이었다. 큰아이가 데려와서 다행이지 큰일을 치를 뻔했다. 그때의 전력이 있어서 자라 보고 놀란 가슴이 되어버린 아내는 눈물을 흘리며 안절부절못했다. 급히 귀가해서 학교 운동장을 가보았다. 내가 어릴 때 방과 후에 모래 씨름장 옆에 쇠막대를 네모로 이어 만든 정글짐에서 놀던 생각에 그곳을 가보았다. 역시 아이는 정글짐 옆 플라타너스 나무 위에 올라가 한가롭게 놀고 있었다.

"베이비, 이제 집에 가야지? 늦게까지 집에 오지 않으니 엄마가 걱정을 많이 하시잖아."

"아빠는 제가 어디서 놀고 있는지 안 가르쳐 드렸는데도 어떻게 저를 찾으셨어요?"

"아빠는 네가 어디에 있든지 어디를 가든지 다 찾을 수 있다."

"아빠는 초능력자세요? 어떻게 그럴 수가 있어요."

"지금 네 모습은 아빠의 어린 시절과 똑같으니 내가 놀던 곳에서 놀고 있을 거라 생각하고 금방 찾았지. 아들의 지금은 아빠의 어린 시절이거든, 우리는 떨어져 있어도 자석처럼 끌어당긴다. 사랑한다, 아들!"

아이의 손을 잡고 집으로 가니 아내는 내가 단박에 찾은 것에 대해서 놀라워했다. 놀라움은 잠깐이고 안도의 숨을 몰아쉬며 1년 전 소동까지 들춰내며 아이를 잡았다. 나는 어린 시절에 방과 후 텅 빈 운동장 귀퉁이에서 노

내 아이의 창의력을 키우는 비법

는 걸 좋아했다. 아이들은 모두 집으로 돌아가고 씨름장의 따듯한 모래를 가지고 노는 것이 좋았다. 정글과 플라타너스 위에 누워 하늘을 보았다. 해 지는 줄도 모르고 놀다가 집으로 갔는데 아이도 똑같이 그렇게 놀았다. 아 이는 아빠도 어릴 때 자기처럼 그렇게 놀았다는 사실에 대해 몹시 즐거워했 다. 자기의 생각과 행동이 아빠와 똑같다는 것에 대해서 마냥 행복해했다.

아이는 부모가 자기를 믿어줄 때 자존감이 올라간다. 아이뿐만 아니라 사 람이면 누구나 자기를 믿어주는 사람을 좋아하고 행복 지수가 높아진다. 갈 매기가 높이 나는 건 날개를 믿어서이다. 아이의 생각이 자유롭고 높이 나 는 건 부모의 믿음에서 비롯된다. 부모의 믿음은 아이가 무엇도 할 수 있고, 될 수 있다는 생각을 마음껏 하게 한다. 부모의 믿음은 자신을 믿는 데서 시 작한다고 생각한다. 이 믿음이 선행되지 않으면 아이에 대한 믿음이 생기지 않는다. 아이는 나의 또 다른 모습인데 나를 믿지 않고 어찌 아이의 모든 것 을 믿을 수 있을까? 아이는 자율의지를 가진 나의 아바타와 같다. 그러므로 더욱 자기를 믿는 마음이 선행되어야 한다.

/ 부모의 믿음은 아이의 상상력에 날개를 달아준다 /

대다수의 부모는 아이의 미래에 대해 걱정한다. 그것이 아이에게 지나친 기대감으로 바뀌어 스트레스를 주기도 한다. 제도 교육에서 좋은 점수를 받기에 많은 시간을 허비하는 우를 범하기도 한다. 나는 우리나라 모든 아이가 학업 이전에 안심(安心)하고 안신(安身)하기를 바란다. 아이의 머리를 지식으로 채우기 전에 상상력의 기반이 있어야 한다. 그들의 상상력은 태어날 때부터 이미 가지고 왔다. 제한 없이 자유로운 아이의 상상력에 부모의 조바심으로 지식을 채워 넣기 시작하는 어리석음을 범한다. 나는 아이들의 타고난 상상력에 부모의 믿음을 더하면 그 인생이 찬란하리라고 믿는다. 무엇이 되기에 앞서 한 인간의 자유와 행복을 누릴 줄 아는 사람이 되는 것이다.

"사람의 인생은 그 사람의 상상력에 의해 결정된다."

- 마르쿠스 아우렐리우스(Marcus Aurelius)

로마의 황제 마르쿠스 아우렐리우스는 "인간의 상상력에 의해서 인생이 결정된다."라고 하였다. 그는 위대한 철학자이기도 했다. 로마의 평화로운 '5현제 시대'의 막바지 시대를 통치했던 인물이다. 2000년에 국내에 개봉되었던 영화 〈글래디에이터(Gladiator)〉에 아버지 황제로 나왔던 인물이기도 하다. 그는 서기 161년 로마 16대 황제의 자리에 오른다. 처음에는 공동 황제였으나 나중에 1인 황제가 되었다. 재위 첫해부터 로마와 이탈리아 주변에 걸쳐 기근과 홍수가 일어났지만 슬기롭게 극복하고 주변국들과의 끊임없던 전쟁을 이기며 종식했다. 그는 로마의 평화 시대를 연 황제였다. 그는 자신의 사색과 철학에 관한 내용을 담은 『명상록』 12권을 남겼다. 전쟁터에서 틈틈이

내 아이의 창의력을 키우는 비법

쓴 그의 『명상록』은 로마 스토아 철학의 대표적인 책으로 일컬어진다. 『명상록』에는 철학자인 그의 사상이 잘 나타나 있다. 그의 글에는 언제나 인정이 많고 자비로워 백성을 사랑하는 마음이 묻어난다. 그는 수많은 명언을 남겼는데 그중에 소개하고 싶은 명언이 바로 상상력에 관한 말이다. "사람의 인생은 그 사람의 상상력에 의해 결정된다." 아이가 어릴 때부터 밝고 자유로운 상상을 하면 성인이 되어 그의 밝은 미래가 자연스럽게 펼쳐진다. 반대로 불안하고 불만 가득한 정서로 밝은 상상을 방해받는다면 장래 또한 그런 것이다. 나는 아이들을 좋아해서 그런지 주변 부모들이 아이를 대하는 모습들이 눈에 많이 들어온다. 보기에 가장 힘들었던 것이 우는 아이를 울지 말라고 때리는 모습이었다. 미취학 아동인 경우가 많았지만 저학년 부모들도 그러했다. 누구는 '아이를 꽃으로도 때리지 말라.'라고 했는데 불만족에 우는 아이를 때리는 모습을 보니 내가 두드려 맞는 것 같았다. 그럴 때 나는 아이의 아픈 마음이 느껴져 몹시 불안하고 힘들다.

부모의 아이에 대한 역할은 말할 수 없이 많다. 아이의 창의력 교육은 학교 공부나 교정과 훈육보다 앞서는 것이다. 나는 독수리의 날개와 같은 아이의 상상력과 창의력에 관한 얘기를 하고 싶은 것이다. 상상력은 바로 창의력과 연결된다. 무한한 상상은 없던 것을 신처럼 창조해내는 창의력으로 자란다. 알베르트 아인슈타인(Albert Einstein)도 늘 강조한 내용이 인간의 상상력이다.

"상상력은 지식보다 중요하다."

아인슈타인을 모르는 부모는 아마 없을 것이다. 그가 발견한 상대성 이론은 현대 물리학의 형성에 지대한 영향을 끼쳤다. 그는 1879년 독일에서 태어났다. 유대인 아버지와 독일인 어머니 사이에서 태어난 알베르트 아인슈타인은 초등학교 시절 유럽인들의 뿌리 깊은 반유대주의로 인해 상처를 받기도 했다. 그가 다닌 초등학교는 로마 가톨릭 학교였다. 교사가 수업시간에 대못을 보여주며 '유대인은 예수를 못 박아 죽인 민족'이라고 말했다고 한다. 어린 나이에 얼마나 큰 상처를 받았을까? 아마도 그 대못이 알베르트의 가슴에 박혔을 것이다. 그는 학생의 개성을 무시하는 군대식 전체주의 교육에 대한 저항의식으로 반항적인 학생이었다고 한다. 결국 17세에 아인슈타인은 "다시는 독일을 밟지 않겠다."라며 학교를 떠났다. 나중에 다시 돌아와 독일에서 정교수 생활을 했지만 어린 나이에 많은 상처를 받은 것은 분명했다. 아인슈타인은 그의 수많은 업적처럼 위트 넘치고 통찰력이 가득한 수많은 명언을 남겼다. 그중에서 상상력에 관한 그의 생각에 박수를 보낸다. 여기에 아이에 대한 부모의 믿음을 더하면 아이의 상상력에 독수리의 날개를 달아주는 것이다. 지식이 아이들의 머리에 자리 잡기 전에 부모의 사랑과 믿음으로 가득 채워지길 소망한다.

내 아이의 창의력을 키우는 비법

04 / 다르게 생각하는 힘이 창의력의 시작이다

/ 다른 것을 존중하고 칭찬하라 /

"아빠, 우리 반에 4차원 아이가 있어요."
"너보다 아래네? 넌 5차원이잖아."

같은 반 아이가 뱃살을 뜯어 던지는 시늉을 하며 '수제비, 수제비' 한단다. 아이가 워낙에 엉뚱해서 반 아이들이 놀려 먹는다고 한다. 수제비 공격을 해대는 4차원 아이에게 수제비란 별명을 붙여줬다며 즐거운 대화 시간을 가졌다. 약간은 부족한 듯하지만 날마다 시시덕거리며 장난을 좋아하는 아이라서 다른 아이들이 괴롭히지 못하게 보호해주고 있다고 자랑을 늘어놓았다. 나는 수제비란 별명에 대해서 물어보았다.

"불러서 유쾌하고 들어서 좋아야 하는 게 별명인데 그 친구가 수제비라 부르면 좋아해?"

수제비는 멋지게 자라서 건장한 청년이 되어 내 눈앞에 나타났다. 몇 년 전에 군 입대하러 간다고 아이와 인사하러 왔는데 훤칠하고 너무나 멋졌다. 대학 진학을 하지 않고 온라인 쇼핑몰을 운영해 돈도 꽤 번다는 것이다. 우리는 저녁을 먹으며 이런저런 얘기를 하다가 뱃살 뜯는 수제비 대목에서는 빵 터졌다. 잘 커주어서 고맙고 제 몫을 해주어서 고마웠다. 나는 아이와 친구들에게 다른 것과 틀린 것에 대해서 정의해주는 것을 좋아한다. 다른 것은 좋은 것이고, 다르게 생각하는 것은 너무나 중요하다고 얘기한다. 뻔한 이야기 같은데 사실은 그렇지가 않다. 일상 속에서 획일화된 줄을 맞추어 행진하는 우리의 모습을 살펴볼 필요가 있다. 거기서 벗어나지를 못한다. 특히 어릴 때부터 자유로운 상상을 부모에게 통제받는 데 익숙해져 있을수록 줄에서 이탈되는 것을 두려워한다.

내 아이는 '배꼽동자'라는 별명이 있었다. 음식을 많이 먹는다고 형이 붙여준 별명인데 아이는 싫어했다. 나는 아이의 먹성대로 실컷 먹였다. 아내는 너무 먹는다고 걱정했지만 나는 우리 집안에 뚱보가 없다는 것을 알고 있었기 때문에 아이를 믿었다. 열심히 먹고, 잘 자고, 잘 놀면 나중에 영양이 키로 간다고 생각했다. 쉬는 날이면 아이는 잠을 하루 종일 잘 때도 있었다. 아이들은 잠을 잘 때 가장 많이 자란다. 잠을 깨울 때면 쭉쭉이를 해주었다. 다리며 팔을 주물러 잠을 깨웠다. 사랑스러운 아이의 잠자는 모습에 취해 저절로 한 것이지만 아이 때에 성장판을 자극하면 키가 잘 자란다는 생각이 조금 있었다. 나의 계산이 맞았다. 지금 아이의 키가 188cm인 것은 순전히 아빠의 안마 덕분이라고 고마워한다. 세계적으로 슬라브족 남성의 신장이 큰 편이다. 러시아 남성의 평균키는 177cm, 체코가 180cm, 크로아티아, 슬로베니아, 세르비아 남자들의 평균 신장이 183cm다. 아이는 모스크바에서 2018 FIFA 러시아 월드컵을 구경하고 크로아티아를 경유해 돌아왔다. 크로아티아에 가서 그들 나라 사람들과 같이 응원하고 놀았는데 자기보다 큰 사람이 별로 없더라고 했다.

수제비는 빨리 돈을 벌고 싶어 했다. 내 아이는 여행을 다니고 싶어 했다. 나는 수제비와 배꼽동자가 뜻하는 대로 하기를 응원했다. 수제비는 20대 초반의 나이에 억대의 자산가가 되어서 가끔 내게 식사를 대접한다. 내 아이는 일찍 돈을 벌면 안 된다는 생각이 명확했다. 젊은 날엔 경험을 많이 해서 시야를 넓히는 게 우선이라고 늘 얘기했다. 결국 많은 여행을 하더니 국제적인 시각을 갖고 지금은 유학 생활을 하고 있다. 아이의 전공은 국제경영학이다. 외국 친구들과 사귀고 방학이면 자유롭게 친구들의 나라에 가서 지내다 온다. 중동 석유 재벌의 아들, 프랑스 친구는 보르도에서 넓은 포도밭과 와인 회사를 운영하는 집의 아이란다. 아빠가 다른 형제들과 자연스럽게 같이 사는 그들의 문화를 얘기하며 아빠가 3명이라는 얘기, 동남아의 왕족 친구는 한 여자아이에게 프러포즈했는데 거절을 당해 실의에 빠져 있다는 얘기, 아빠와 둘이서 만나면 흥미로운 대화를 하느라 시간 가는 줄을 모른다.

　나는 1991년 뉴욕에서 머문 적이 있다. 충청도의 조그만 시골에서 태어나 성인이 되어 처음 밟은 미국 땅은 내게 인생의 큰 전환점이 되었다. JFK공항에 도착했을 때의 충격은 지금도 아찔하다. 당시 우리나라는 김포공항이 제일 큰 국제공항이었다. 인천공항은 2001년 운항을 시작했으니 10년 전에 경험한 김포공항은 작았지만 그것도 내겐 거대했다. 뉴욕에서 지낼 때의 일이다. 아래층에 사는 인도인들은 매일 카레 요리를 먹었다. 식사 때가 되면 카레 냄새가 위층까지 올라와 창문을 열면 진동을 했다. 그 부부의 초대를 받아 인도 전통 카레를 처음 먹어보고 내가 먹었던 오뚜기 카레와 맛이 다르다는 것을 처음 알았다. 맨하튼 거리에서 검은 빵떡모자를 쓰고 검은 옷을 입은 유대인이 파는 빵을 사 먹었다. 아무 맛이 없고 소금에 절여놓은 듯한 그때의 빵 맛을 잊지 못한다. 척박한 환경에서 식량을 보관해야 하는 그들의 문화를 처음 접해본 것이다. 달달한 단팥빵과 부드러운 카스텔라에 길들여진 나에게는 참으로 쇼킹한 맛이었다.

　지구의 많은 개척자들이 이주해 온 뉴욕은 수많은 나라에서 온 만큼 다양한 문화가 조화롭게 피어난 세계적인 도시다. 나는 시간이 날 때마다 뉴욕의 센트럴 파크를 산책하면서 사색의 시간을 가졌다. 문화의 다양성과 새

　　　　　　　　　　　　　内 아이의 창의력을 키우는 비법

로운 것을 개척하고 받아들이는 열린 사고에 대해 깊은 깨달음을 가진 소중한 시간들이었다.

/ 세상의 변혁은 사과 한 입에서 시작했다 /

우리는 조선 500년 동안 다르게 생각하는 것이 좋은 것이라는 교육을 받지 못해왔다. 혁신이라는 단어는 입에 올리지도 못하는 시대였다. 태어난 대로 현실에 순응하며 살다가 하늘이 부를 때 가는 것이 잘 사는 것이었다. 그때는 다른 것과 틀린 것이 같은 개념이었다. 조선은 다른 생각을 가진 여러 나라들에게 개항을 권유받았지만 그들에게 대포를 쏘며 거부했다. 우리는 국제 정세에 어두웠고, 고정된 생각을 바꾸려 하지 않았기 때문에 강제로 나라의 문이 열렸다. 뉴욕이 한창 신세계를 건설하고 있을 때 우리는 대포를 쏘며 나라를 꽁꽁 싸매고 있었다. 동양 전체가 격동의 시간을 지나고 있었고, 우리나라는 속수무책이었다. 다양하지 못하고 획일화된 생각에 매몰되어 전 국민이 참혹한 재앙을 맞이해야만 했다.

"Think different."
"다르게 생각하라." - 스티브 잡스(Steve Jobs)

여기에는 애플의 창업자 스티브 잡스의 창의적인 철학이 담겨 있다. 스티브 잡스가 사고의 유연성을 강조하는 철학이다. 애플의 로고는 한 입을 베어 먹은 사과의 모습이다. 나는 애플사의 이 사과를 보고 감탄했다. 기존의 세계를 변화 없는 에덴의 동산으로 보고, 자신은 금기되어 있는 선악과인 사과를 한 입 베어 먹은 것이다. 한 입 사과는 혁명이다. 성경적으로 해석하면 세상의 변혁은 사과 한 입에서 시작되었다. 스티브 잡스는 애플의 로고가 상징하는 것처럼 아날로그 시대를 종식시키고 컴퓨터로 디지털 세상을 열었다. 그가 신세계를 연 힘은 '다르게 생각'하는 것이었다.

나는 드보르작의 〈신세계 교향곡〉을 즐겨 듣는다. 클래식 음악에 대한 깊은 이해는 없지만 〈신세계 교향곡〉을 듣고 있으면 영감이 솟고 힘이 난다. 그는 뉴욕의 '내셔널 음악원 원장'으로 있으면서 1895년에 이 곡을 작곡한다. 드보르작 본인은 이 곡에 대해 "아메리카를 보지 않았다면 이런 교향곡을 쓰지 못했을 것"이라고 말했다고 한다. 그는 자고 나면 올라가는 맨해튼의 건축물들과 아메리칸 드림으로 활기차게 움직이는 거리의 사람들을 보았을 것이다. 〈신세계 교향곡〉에서는 보통 사람들과 다른 생각을 가졌던 사람들의 애환과 창의적이고 역동적인 기운이 느껴진다. 스티브 잡스와 〈신세계 교향곡〉 속에서 지금도 살아 움직이고 있는 그들은 다르게 생각하는 힘이 창의력의 시작임을 증거한다.

내 아이의 창의력을 키우는 비법

05 / 창의력은 어떻게 만들어지는가?

/ 날고 싶어 하는 아이 /

처형은 요즘 손녀 보는 재미에 푹 빠져 산다. 무척 행복해 보인다. 카톡 대문 사진도 손녀의 사진으로 넘쳐난다. 나이 들어 결혼한 아들이나 시집간 딸 집에 불려가서 손자, 손녀 보는 일을 하면 자기만의 여유로운 시간도 없고 팔에 관절염도 생긴다는데, 처형은 말짱하게 행복한 시간을 누린다. 잔정이 없고 무뚝뚝하기로 정평이 나 있는 형님도 손녀 보는 재미에 웃는 시간이 많다. 나도 그렇고 아이들을 좋아하는 우리는 아이의 말과 행동 하나하나가 아름답고 신기하다. 내리사랑이란 옛날에도 지금도 변함없는 이야기인가 보다.

"날려고 하는데 발이 떨어지지 않아요!"

아이가 어느 날 한쪽 발을 들고 끙끙거려서 왜 그러냐고 물으니 발이 땅에서 떨어지지 않는다고 괴로운 표정을 짓더란다. 처형이 양발을 땅에 두고 뛰던지 발을 번갈아가면서 떼면 되지 않느냐고 하니 아이는 "그게 아니라, 날려고 한쪽 발을 떼었는데 다른 한 발이 떨어지지 않아서 힘들다고요."라고 했단다. 경이로운 생각이다. 아이는 태어나기 전에 천사의 신분이었나? 전생이 혹시 라이트 형제 중 한 명이었을까? 우리는 호기심과 경이로움으로 아이가 한 발을 들고서 날려고 했다는 이야기를 하며 한참 즐겁게 이야기했다.

라이트 형제가 1903년 노스캐롤라이나 주의 외딴곳 키티호크 마을에서 첫 동력비행에 성공했다. 성공하기 10여 년 전에 동생 오빌 라이트는 1889년 고등학생 신분으로 집 뒤에 있는 마구간에서 인쇄소를 창업해 형과 함께 지역 신문을 운영했다. 스티브 잡스도 부모의 차고에서 20세에 애플을 설립한 것처럼 그들도 그랬다. 라이트 형제가 비행을 시도할 당시 워싱턴 포스트는 '인간이 날아다닐 수 없다는 것은 엄연한 사실'이라고 했다. 인간은 언제부터 날고 싶어 했을까? 우리 선조들은 연을 날리면서 비행의 꿈을 꾸었을 수도 있다. 레오나르도 다 빈치는 당시에 새의 나는 방법을 연구하여 비행기의 원리를 생각하고 공기와 바람의 발생과 비의 발생도 연구했다. 공기 역학과 새들의 비행 연구를 노트에 기록했고, 낙하산, 헬리콥터, 비행기 날개를 스케치해서 기록으로 남겼다. 그는 1452년에 이탈리아의 빈치(Vinch)에서 태어나 1519년 프랑스에서 죽을 때까지 화가, 조각가, 발명가, 건축가, 기술자, 해

내 아이의 창의력을 키우는 비법

부학자, 식물학자, 도시 계획가, 천문학자, 지리학자, 음악가로 활동했다. 그는 유럽의 르네상스 시대를 대표하는 인물이었고, 호기심이 많고 가장 창조적인 사람이었다. 우리가 알고 있는 영화배우 레오나르도 디카프리오(Leonardo Dicaprio)의 이름도 레오나르도 다 빈치에서 따온 것이라고 한다. 어머니가 임신 중에 프랑스의 루브르 박물관에서 다빈치의 작품을 감상 중 처음으로 태동을 느꼈기 때문에 그 이름을 따서 이름을 지은 것이라고 한다.

"세상에는 세 부류의 사람들이 있다. 보는 사람, 눈앞의 것을 보는 사람, 그리고 보지 않는 사람." - 레오나르도 다 빈치(Leonardo da Vinch)

후세 사람들은 지금도 레오나르도의 이 말을 두고 해석이 분분하다. 나는 보는 사람을 보이지 않는 것을 보는 사람, 미래의 모습을 상상 속에서 현실처럼 생생하게 보는 사람으로 해석한다. 눈으로 보는 것이 아니다. 마음과 의식의 눈으로 보는 것이다. 지금 우리가 타고 다니는 비행기는 많은 사람들이 불가능하다는 것을 상상해서 만들어낸 것이다. 아이가 한 발을 들고 비행하려고 했던 것이 비행기가 되었다. 배나 잠수함, 자동차도 마찬가지다. 상상을 하면 창의력이 생겨나고 현실로 나타나는 방식이다. 이것이 그가 말한 '보는 사람'의 방식이 아닐까?

"아빠, 만약에 제가 식물인간이 되면 어떻게 하실 거예요?"

"때를 맞추어서 물을 줄 거다. 식물이니까."

"와우, 뭐라고 말씀하실까 궁금했는데 정말 멋진 답이네요."

아이는 내 팔을 베고 누워 대화를 나누다가 뜬금없는 식물인간 이야기를 했다. 무겁게 생각하고 심각한 격식이나 고정된 생각을 하는 사람들은 만나면 힘들어진다. 나이가 들수록 고정관념에 사로잡혀 더하다. 그래서 나는 아이들이나 젊은 청춘들과 어울리고 대화하는 것을 즐긴다. 레오나르도는 농담도 잘하고 늘 유쾌하게 지냈다고 한다. 나는 창의력이 제한 없는 자유로운 상상과 왕성한 호기심에서 온다고 생각한다.

그리고 유쾌한 삶의 방식에서 나온다고 생각한다. 나는 유머와 농담으로 아이가 힘을 빼고 가볍게 생각하기를 연습시켰다. 아이의 상상력과 창의력은 나의 범위를 넘어서버렸다. 터미네이터 T-800을 잡으려고 액체금속 로봇 T-1000이 미래에서 시간의 벽을 넘어온 것처럼 아이는 미래에 맞는 상상력과 창의력을 내장해서 태어났다. 비단 나의 아이뿐만 아니라 세계의 모든 아이가 그러하다고 생각한다. 우주는 끊임없이 진화하면서 정보를 사람의 뇌와 의식 속에 축적한다. 아이들의 창의력은 부모가 뛰어놀 판을 깔아주면 되는 것이다. 우리는 그들의 상상에 집중하고 그들의 말에 귀를 기울이고 다가오는 세상에서 그들을 의지해야 한다.

내 아이의 창의력을 키우는 비법

/ 갈망하고 우직하고 유쾌하길 바란다 /

나는 아이들의 놀라운 상상력과 창의력이 밝고 유쾌하면 좋겠다. 그러면 미래에 일어날 그들의 현실이 유쾌할 것이다. 나는 아이의 생각과 행동이 격식과 틀에 갇히길 원하지 않는다. 부모 세대가 만든 틀로는 미래를 열어갈 수가 없다. 스티브 잡스의 한 입 베어 먹은 애플 로고처럼 현실에 도발해야 한다. 에덴의 동산에서 벗어나야 한다. 우리 세대들은 욕망에 대해 응원받고 축복받지 못했다. 사람을 비롯한 모든 생물들이 근본적으로 욕망의 존재인데 우리는 욕망을 절제하고 죄로 여기는 사회적 분위기 속에서 살아왔다. 나는 아이들에게 부를 갈망하고 아름다움을 볼 수 있는 눈을 갖도록 배려했다. 우리가 지구별에 온 이유는 아름답고 행복하게 살기 위해서다. 그러니 아이들이 삶을 축제처럼 즐길 줄 알았으면 좋겠다.

"Stay Hungry, Stay Foolish."

"늘 갈망하라, 늘 우직하라." - 스티브 잡스(Steve Jobs)

2011년 애플을 창업한 스티브 잡스의 사망 소식에 전 세계가 슬픔에 잠겼다. 나 역시 그의 부고를 접하고 진심으로 애도했다. 나는 그의 도전 정신과 무한한 상상력과 창의성, 그리고 굴하지 않는 그의 열정을 사랑했다. 그를 수식하는 단어들은 찬란하고 다양했다. 세상을 바꾼 천재, 21세기 혁신의 아이콘, 자유로운 영혼의 히피, 맨발로 교정을 거닐었던 괴짜 등등 이루 말할 수가 없다. 그는 대학을 자퇴하고 친구와 같이 자신의 집 차고에서 '애플'을 설립해 세계 최초로 개인용 컴퓨터를 세상에 내어놓았다. 그는 2005년 스탠퍼드대학의 졸업식에서 한 연설 중에 "Stay Hungry, Stay Foolish."라는 위대한 말을 남긴다. 그의 정신과 삶이 다 녹아 있는 말이었다. 굶주린 것처럼 갈망하고, 바보처럼 우직하게 목표한 것을 이루라는 것이다. 그는 그렇게 살다가 떠났다. 학창 시절에 말썽꾸러기, 외톨이, 열등생이었지만 그는 21세기 전 세계인의 삶의 패턴을 바꿔버린 사람이었다.

나는 아이들이 자유롭게 상상하고, 구체적으로 갈망하고, 생생하게 갈망하고, 크게 갈망하고, 유쾌하게 갈망하기를 바란다. 스티브 잡스가 인류에게 남긴 위대한 말처럼 갈망하고 우직하고 유쾌하게 길을 가기를 바란다.

내 아이의 창의력을 키우는 비법

06 / 아이들의 창의성은 어디서 오는가?

/ 우주 개척시대가 열렸다 /

"방금 화성(火星)을 출발했다. 우리는 목성을 거쳐 해왕성으로 갈 것이다. 밖은 너무 아름다워! 이 무한한 세계를 두고 지구에 처박혀 인생을 낭비해?"

영화 〈애드 아스트라(Ad Astra)〉(2019)의 대사 중에 인상 깊은 문구다. 영화의 내용은 시대가 바야흐로 지구촌을 넘어 우주 식민지 개척시대가 되었다. 달은 지구의 각 나라에서 자원 확보를 위한 식민지 개척의 각축장이 되었다. 개척 초기라 무법천지인 달에서 해적과의 총격전으로 위기에 처한 주인공은 화성을 거쳐 해왕성으로 가야 한다.

'Welcome to the moon.'

달 공항 입구에 붙어 있는 문구다. 영화 속에는 만화 〈독수리 오형제〉에서 나 나올 법한 우주 사령부가 현실이 되었다. 극 중에서 수성, 금성은 언급이 없고 화성, 목성, 해왕성이 나온다. 달을 거쳐 목성은 자유롭게 다니고 거주민도 있다. 우리가 사는 태양계의 가장 외곽의 별인 해왕성 개척 프로젝트가 수행 중 사고로 인해 중지된 상태에서 주인공에게 임무로 주어졌다. '리마 프로젝트'는 해왕성에서 지적 생명체를 찾는 작전이다. 지구 이외의 별에서 인간처럼 지능을 가진 생명체를 찾아 해왕성까지 날아온 주인공의 아버지. 의문의 사고로 중단된 P프로젝트. 주인공은 사고 수습을 위해 해왕성으로 날아와 죽은 줄 알았던 아버지를 만나 여러 가지 일을 겪지만 임무를 완성하고 지구로 귀환한다.

'목적지 지구, 거리 43억 2,253만 km.'

영화 제목 〈애드 아스트라〉는 테슬라의 일론 머스크(Elon Musk)가 2014년 세운 학교 이름이다. 그는 지금의 교육으로는 미래를 열어갈 수 없다고 판단하였다. 전교생 31명으로 시작한 학교다. 학년도 없고 기존의 학습 방법과 판이하다. 애드 아스트라 학교를 설립하기 전에 먼저 자녀들을 다니던 학교를 자퇴시키고 실리콘밸리 영재학교에 보냈다. 영재학교의 교육 커리큘럼을 살펴본 머스크는 실리콘밸리 영재학교조차 미래를 열어갈 경쟁력을 키우는 데 부족하다는 생각에 다시 자퇴시키고 학교를 직접 설립했다. 이들의 교육이 궁금하고 기대된다. 영화에 나오는 우주 관광과 화성 탐사가 그리 멀지 않은 것처럼 보인다. 그의 회사 스페이스엑스가 이미 2012년 국제 우주 정거장에서 화물과 선착장을 제공하는 최초의 민간 회사가 됐기 때문이다.

알파고 대 이세돌 혹은 딥 마인드 챌린지 매치는 2016년 3월 9일부터 15일까지 하루 한 차례의 대국으로 총 5회에 걸쳐 서울의 포시즌스 호텔에서 진행된 세기의 대결이다. AI 알파고가 이세돌을 4:1로 이겼다. 알파고는 구글의 딥 마인드(DeepMind Technologies Limited)가 개발한 인공지능 바둑 프로그램이다. 알파고 사건 이후 딥 마인드는 알파 제로를 만들어 알파고와 바둑을 붙여 100:0으로 이겼다. 자기 학습이 가능한 알파 제로는 바둑의 모든 경우의 수(數)를 알고 바둑을 둔다. 그런 알파 제로가 1억 년 걸려 연산할 문제를 양자컴퓨터는 1분 만에 처리한다. 이처럼 기술 진화의 속도가 너무 빠르다. '너무'라는 수식어가 무색할 정도이다. 일론 머스크는 2016년 인간의 뇌를 양자컴퓨터와 연결하는 회사인 뉴럴링크(Neuralink)를 설립했다. 그는 10년 후 양자컴퓨터를 인간의 뇌와 연결해서 상용화하겠다고 발표했다. 그의 독창적 행보는 어디까지인가?

/ 앞으로 10년, 아이는 무엇을 준비해야 할까? /

서울의 출퇴근길 교통 체증은 장난이 아니다. 이런 환경에 익숙하지 않은 지방 사람들이 서울의 출퇴근 지하철이나 도로의 교통 체증에 한 번 갇혀보면 지옥을 실감할 것이다. 일론 머스크는 하이퍼루프 기술로 이와 같은 교통의 문제를 완전히 해소할 수 있다고 했다. 그는 이 기술을 상용화하기 위해 2016년에 'The Boring Company'를 설립했다. 2018년 2월 일론은 워싱턴 D.C.와 뉴욕 사이의 지하통로를 만드는 허가를 획득했다. 두 도시 간의 거리는 367km이고, 이동 소요시간은 3시간 30분~4시간이다. 이 터널이 완공되면 워싱턴 D.C.에서 뉴욕까지 29분이 걸린다. 일론 머스크는 영화 〈아이언맨〉의 제작 당시 토니 스타크 역을 맡은 로버트 다우니 주니어가 캐릭터를 구상할 때 모티브로 삼았던 인물이다. 다음은 그가 세운 독창적인 기업들이다.

1995년 : Zip2 Corporation 설립

1998년 : PayPal 설립

1999년 : X.com 설립

2002년 : SpaceX 설립

2003년 : Tesla 설립

2006년 : SolaCity 설립

2015년 : Open AI 설립

2016년 : The Boring Company 설립

2016년 : Neuralink 설립

내 아이의 창의력을 키우는 비법

그는 12살 때 게임을 만들어 팔 정도로 어릴 적부터 게임에 관심이 많았다. 지금도 인기 게임을 대부분 해보는 마니아로 알려져 있다. 머스크는 '게임이 아니라면 프로그래밍을 시작하지 않았을 것'이라고 했다. '게임은 어린이가 기술에 관심을 갖게 하는 아주 강력한 힘'이라며 "나도 어린 시절 게임 덕분에 기술에 관심을 갖게 됐다."라고 말했다. 나는 일론의 이러한 생각과 독창적인 행보를 사랑한다. 어린 시절 그는 친구들에게 따돌림을 당하기도 하였지만 자신이 좋아하는 창의적 상상에 심취했다. 나는 지금의 독창적 현실을 만들어내는 그의 행보에 찬사를 보낸다.

앞으로 10년, 우리는 무엇을 준비해야 할까? 피할 수 없는 기술의 발전, 사라질 직업들 중에 0순위가 의사라고 한다. 매달 업데이트되는 세계 의학 논문 전체를 AI는 1분 만에 숙지하고 처방을 내리는 현실이다. 우리는 아이들이 좋아하는 것을 권장해야 한다. 대다수의 학부모는 아이들이 게임에 심취하는 것을 우려한다. 하지만 그런 행동을 멈춰야 한다. 그들이 맞이해야 할 미래는 그런 방식으로 열어가는 세상이기 때문이다.

아이들의 창의성은 어디서 오는 것일까? 머스크는 스페이스X의 로켓 발사 등의 프로젝트를 소개하면서 "당신이 무엇인가 일을 하고 있을 때, 그것과 사랑에 빠진다면 좋은 신호다."라고 했다. 창의와 혁신의 아이콘인 그가 말하는 것은 좋아하는 일을 하라는 것이다. 사람은 누구나 좋아하는 일을 할 때면 에너지가 솟는다. 우리는 무엇을 잘하는 사람을 일컬어 '타고났다'고 한다. 아이들은 누구나 저마다의 재능을 타고난다. 부모가 진정 주의해야 하는 것은 아이들에게 꿈을 강요하는 것이다. 아이들은 각자의 재능대로 이 땅에서 제 몫을 하다가 가려고 이 지구별에 온 것이다.

"사람은 자신이 생각하는 모습대로 되는 것이다. 지금 자신의 모습은 자신의 생각에서 비롯된 것이다. 내일 다른 위치에 있고자 한다면 자신의 생각을 바꾸면 된다." - 나이팅게일

아이의 창의력은 아이가 좋아하는 것을 할 때 상승한다. 어떤 방면에 흥미가 없고 더구나 아이가 싫어하는 부분이라면 삶은 고통이고 창의력은 물 건너가는 것이다. 부모의 기호에 맞게 꿈을 강제하고 있다면 지금 당장 멈춰야 한다. 오직 아이의 흥미와 재능에 집중해야 한다.

/ 매일 아침 꿈을 선물한다 /

아내는 가끔 나를 '선달님'이라 부르곤 한다. 대동강 물을 팔아먹은 봉이 김선달이 아니라 선물의 달인이라서 선달이란다. 선물은 아이템이 중요하지만 정확한 때가 더 중요하다. 주어서 즐겁고 받아서 즐거운 것이 선물이다. 우리나라는 김영란법이 시행된 이후로 선물을 주고받는 문화가 획기적으로 바뀌었다. 2012년에 국민권익위원회의 위원장이었던 김영란이 추진한 법안을 기초로 제정된 법률이다. 정식 명칭은 '부정청탁 및 금품 등 수수의 금지에 관한 법률'이지만 우리는 편하게 김영란법이라 부른다. 대한민국 국적 공무원에게만 해당되는 법이지만 우리나라의 선물 문화 전반에 큰 변화를 가져온 건 사실이다. 내가 생각하는 김영란법은 손을 보든지 없어져야 할 법이라 생각한다. 자본주의 시장경제 사회에서 선물과 돈이 오고가야 사람 냄새가 나고, 불 땐 솥단지에 밥 먹고 누룽지 먹고 숭늉도 먹는 것인데, 법으로 밥만 먹으라고 제재를 하니 온전한 밥맛이 적게 느껴진다.

"꿈을 믿어라. 그 안에는 영원으로 통하는 문이 숨겨져 있나니."
- 칼릴 지브란

나는 모든 아이에게 매일 아침, 꿈을 선물하고 싶다. 그 꿈은 깊은 밤, 잠자리에서 꾸는 꿈이 아니라 낮에 꾸는 꿈을 말한다. 매일 아침 아이가 제일 좋아하고 신나는 꿈을 선물하고 싶다. 아이는 무한한 상상의 공간에서 자신만의 꿈을 먹고 자란다. 레바논의 시인 칼릴 지브란은 아이의 꿈을 믿으라고 한다. 그는 꿈이 문이라고 한다. 그 무엇도 될 수 있고, 어디든지 갈 수 있는 영원으로 통하는 문이라고 했다. 자신이 미래에 어떤 일을 하고 싶어 하는지를 꿈꾸고, 그 꿈을 더 큰 꿈으로 키우면 자기가 만든 세상의 문으로 걸어 들어가는 것이다. 그 꿈을 이루겠다고 마음먹는 순간 역동적인 아이의 삶이 시작된다. 아이는 가슴이 시키는 일을 시작한다. 그게 공부가 되었든 그 무엇이 되었든지 걱정거리였던 아이가 스스로 통제력을 갖는다. 아이에게 공부하라고 윽박지르기보다는 아이의 꿈을 찾아보라. 작은 꿈보다는 좀 더 큰 꿈을 품도록 인도하라. 그래야 자기 꿈의 크기에 맞는 열정과 노력을 기울일 테니까. 작은 것에 자신의 모든 것을 거는 사람은 없다. 작은 꿈을 꾸었다고 치자. 자기 꿈보다 더 큰 시련이 오면 피하거나 주저앉게 된다. 시련보다 꿈이

내 아이의 창의력을 키우는 비법

큰 아이는 그런 시련쯤은 아무것도 아니라고 생각하게 된다. 꿈이 큰 아이는 시련이 오면 당연히 극복해야 할 과정이라고 여기게 된다.

"형 때문에 너무 많은 상처를 받았어요."
"말도 되지 않는 일을 시키고, 아무 이유 없이 맞았어요."
"하지만 저는 상처를 받을수록 강해져요."
"상처를 주는 사람이 당장은 미워도 지나고 보면 고마운 사람이더라고요."

아이가 마음의 상처에 대해서 얘기하니 내심 뜨끔했다. 비즈니스 때문에 집을 비우는 일이 많았다. 5살이 더 많은 형이 집에서 군기를 많이 잡았나 보다. 큰아이는 내가 철이 없을 때 낳아서 많은 사랑을 쏟아주지 못했다. 생각해보면 큰아이에게는 엄하게 한 편이었다. 반면에 작은아이에게는 무한 사랑을 퍼부었다. 사실은 마음이 떨려 작은아이의 훈육을 제대로 하지 못해서 나는 큰아이에게 부탁을 했다. 심하게 다루지 말고 가끔은 군기를 잡아도 된다고 공식적으로 괴롭힘을 허락해준 셈이다. 나는 작은아이를 위로하고 남자 형제들은 그렇게 맞기도 해야 강하게 크는 것이라고 얘기해주었다.

"너무 억울하고 힘들어서 별생각이 다 들었어요. 해서는 안 되는 생각까지도 했어요."
"형을 어떻게라도 하고 싶었니?"

"아니요. 때리지는 못하고 죽이는 건 더 못하고 제가 죽고 싶었어요."

"저는 상처를 먹고 자라는 아이예요."

"지금은 형이 고마워요. 덕분에 제 이해력과 참을성이 많이 생겼어요."

"그렇게 비장하니까 아빠가 미안해지잖아."

"아니에요. 아빠는 아빠 몫이 있고 저는 제 몫이 있는 거예요."

/ 아이와의 대화는 축복이다 /

아이와 대화를 할 수 있다는 것은 큰 축복이다. 나는 다행히도 아이의 엉뚱한 상상력에 덩달아 기뻐하고 호기심을 갖고 달려드는 성향이었다. 꿈을 얘기하면 귀담아들었고, 그 꿈에 한계를 짓지 않았다. 아이는 세상이 궁금해서 틈만 나면 내가 다녀온 세계의 여러 나라에 대해서 묻곤 했다. 그러다가 우연한 기회에 아이가 처음으로 외국을 갈 기회가 생겼다. 나는 가입되어 있는 모임에서 백두산을 경유해 북경과 만리장성, 심양의 청나라 고궁을 다녀올 계획이었다. 그런데 내가 다른 일정과 겹쳐서 백두산 일정을 빠져야 하는 상황이 된 것이다. 몇 해 전에 한 달을 머물며 다녀온 백두산이지만 나는 다시 가고 싶었다. 경비는 완불했고 누가 가도 가야 하는 아까운 기회였다. 나는 중학교를 다니고 있는 큰아이를 대타로 보내려고 했지만 큰아이는 어른들 틈에 끼어 가는 걸 부담스러워했다. 옆에서 듣고 있던 작은아이는 자기가 가고 싶다고 했다. 아이는 초등학생 3학년이었다. 생각지도 않은 아이

　　　　　　　　　　　내 아이의 창의력을 키우는 비법

의 도발에 아내는 반대하고 큰아이도 반대를 했다. 하지만 나는 그 자리에서 아이를 보내기로 마음먹었다. 내가 어릴 때처럼 아이는 어디든지 가서 새로운 것을 보고 경험하고 싶어 했다. 나는 아이의 간절한 마음을 알기 때문에 어려운 문제를 쉽게 결정했다. 대신 친구들에게 신신당부를 했다. 호기심 천국이라 잠깐만 한눈팔아도 사라지는 아이니까 24시간 신경을 써달라고 간절히 부탁했다. 아이는 일행 중 제일 어렸다. 아이는 초등학교 3학년 때 15일 일정의 첫 외국 여행을 무사히 다녀왔다.

"산꼭대기에 왜 그렇게 많은 물이 있어요?"
"천지의 물은 솟아난 물인지, 하늘에서 떨어진 물인지?
"그 물이 다 어디로 가요?"
"그 물이 바다까지 가는 데 몇 시간이 걸려요?
"천지 속에 괴물 네스가 진짜 살아요?"
"네스가 산다면 무척 심심하겠어요."

일행이었던 나의 친구들이 대답을 잘 안 해줬나보다. 쉴 새 없이 질문을 쏟아내는 아이가 감당 안 됐을 수도 있다. 나는 기회만 생기면 아이가 원하는 곳으로 떠나보냈다. 아이가 새로운 것을 보고 듣고 만지고 밟아보길 원했다. 나는 아이에게 창의력이라는 나무가 크는 데 필요한 상상과 호기심, 용기와 모험심을 부추겼다. 그게 내가 줄 수 있는 최고의 선물이라고 생각했다.

부모가 아이에게 물려줘야 할 최고의 자산은 무엇일까? 유명 대학의 졸업장이 아니다. 그것은 돈이나 스펙도 아니고 바로 꿈꾸는 능력이다. 아이의 미래는 꿈꾸는 크기에 따라 결정된다. 그것이 어떤 것이든 얼마나 멋진 꿈을 꾸느냐에 따라 남들이 만들어놓은 세상에서 평생 남의 의지에 끌려다니는 삶을 살 수도 있고, 자신이 꿈꾼 세상을 현실로 만들어 남을 이끌며 살 수도 있다. 학교 공부의 성적이 아이의 미래를 결정하지 않는다. 아이에게 주는 최고의 선물은 꿈꾸는 능력이다. 제한 없이 자유롭고 풍부하게 꿈을 꿀 때 창의력이 자란다.

내 아이의 창의력을 키우는 비법

PART 2   /

이제
주입식 교육의
늪에서 벗어나라

01 / 지금의 학교 교육으론 창의력이 자라지 못한다

/ 아이의 눈에 비친 교사들의 모습 /

일을 마치고 집으로 돌아오면 아이는 내게 착 달라붙어 겨드랑에 코를 박고 킁킁거린다.

"나는 아빠 겨드랑이 냄새가 제일 좋아요. 아빠 냄새를 맡으면 편안하고 행복해요."

쉴 새 없이 재잘대는 아이가 사랑스럽다.

"오늘 학교에서 뭐 배웠어? 친구들과 뭐 하고 놀았어?"

이제 주입식 교육의 늪에서 벗어나라

65

이런저런 대화를 나눈다. 중학교를 올라갔어도 여전히 젖살이 남아 있어 아기 냄새가 풀풀 난다.

"아빠, 사회 선생님과 체육 선생님은 놀고먹는 것 같아요."

"사회 선생님은 프린트물 나눠주고 문제 풀어보고 모르는 거 있으면 질문하라고 하고선 컴퓨터나 전화기로 문자만 해요."

"체육 선생님은 교실에도 들어오지도 않고 운동장에서 준비운동하고 축구나 농구하라고 하고는 어디론지 사라졌다가 끝날 때쯤 나타나서 마쳤으니 들어가라고 해요. 첫날 체육복 접는 법만 배웠어요."

대학 입시 수능평가에 맞추어진 초중고교 교육 제도의 폐해다. 점수가 많이 배정되어 있는 중요 과목에만 집중하고, 나머지 과목들은 짱구호박 신세다. 사회 과목은 아이들과 대화할 주제들이 다양해서 흥미 있는 과목이다. 아이의 교과서 사회 목차를 살펴보았다.

"내가 사는 세계, 위도와 경도, 기온과 계절, 경도에 따른 시간의 차이, 지리 정보, 인간 거주와 자연환경, 거주 지역의 변화, 극한 지역에서의 생활, 열대 우림 지역, 건조 지역, 툰드라 지역, 사회의 변동과 발전, 한국 사회의 변동, 저출산, 고령화, 다문화 사회, 정치와 민주주의, 민주주의 꽃 선거, 지방 자치제도, 경제 활동과 자산 관리, 시장경제, 수요 공급의 법칙…"

내 아이의 창의력을 키우는 비법

하나같이 흥미로운 제목들이다. 아이와 밤을 새워 얘기해도 끝나지 않을 주제들이다. 하지만 그 재미있는 사회 과목이 점수를 위한 문제풀이로만 취급받는다. 학생도 교사도 흥이 나지 않는다. 아이는 체육 시간에 축구를 하며 골키퍼 기술을 배우고 싶어 했다. 점프해서 펀칭으로 공을 막고 떨어지는 기술을 배우고 싶어 했다. 하지만 지금의 학교 교육으론 아이가 그런 기초적인 기술조차 배울 수 있는 텃밭이 되지 못한다. 초중고교 학습이 모두 대학 입시를 위한 피해자인 셈이다. 아이의 눈에 비친 교사들의 현실은 우리나라 학교 교육 제도의 피해자들이다. 아이들 눈은 솔직하고 정확하다. '벌거벗은 임금님'의 일화처럼 누가 선뜻 말을 못 할 뿐이다.

많은 부모들이 지금 10대 시절을 보내는 자기 아이에게 무엇이 가장 필요한지를 잘 모른다. 오로지 공부, 공부만을 외치는 모습을 보면 참으로 안타깝다. 학교 공부만이 미래에 대한 가장 확실한 투자라고 믿고, 공부만 잘하면 장밋빛 미래가 열린다고 너무도 쉽사리 믿고 있다. 그러나 눈부신 미래를 열고 세상을 바꾸는 것은 가슴을 뛰게 하는 꿈이다. 자신의 분야에서 최고가 된 사람들은 10대 시절부터 꿈을 키웠다. 그들은 자신이 감당할 수 없는 것처럼 보이는 큰 꿈을 품었기에 주위 사람들로부터 조롱과 멸시를 당하기도 했다. 아이를 진심으로 사랑한다면 아이에게 가슴 뛰는 꿈, 비전을 심어줘야 한다. 가슴 속에 꿈이라는 불씨를 심어줄 때 아이는 멋진 내일을 꿈꾸며 스스로 공부하고 탐구하려는 동기를 부여하기 때문이다.

/ 교육 체계를 통째로 바꾸지 않으면 미래가 없다 /

아이들은 학년을 거듭하여 올라갈수록 입시에 대한 스트레스에 봉착하게 된다. 아이들의 행복은 입시 후를 위해 전당포에 저당 잡힌 보석의 신세나 다름없다. 아이들이 한참 꿈과 창의력을 키워가야 할 시기에 오로지 공부를 위해 학교와 학원을 전전하는 생활을 할 뿐이다. 그들의 학창 시절은 하기 싫은 숙제를 하는 것과 같다. 우리는 종종 수능을 마치고 자살하는 아이들의 소식을 접한다. 이런 소식은 나를 몹시 슬프게 한다. 아이를 잃은 부모의 절규가 들리는 것 같아 도리를 친다. 수능 한파에 죽은 아이의 떠도는 영혼은 얼마나 아프고 추울까? 나는 수능 한파라는 것이, 수능 시험 칠 때가 겨울이니 그즈음이면 당연히 찾아오는 거라고 생각하진 않는다. 나는 아이들의 수능에 대한 스트레스가 하늘마저 얼려버리는 거라고 생각한다. 그런 그들에게 미래를 열어갈 창의력을 바란다는 것은 무리가 있다.

"창조적 인재를 양성할 수 있도록 교육 체계를 통째로 바꾸지 않으면 미래는 없습니다. 지금의 교육 제도는 붕어빵을 찍어내는 공장에 불과합니다."

- 앨빈 토플러(Alvin Toffler)

앨빈 토플러는 한국을 방문해 좋은 강연도 했고 한국 정부의 의뢰로 「21세기 한국 비전」이란 제목으로 논문도 썼던 인물이다. 그는 『미래 쇼크』, 『제

내 아이의 창의력을 키우는 비법

3의 물결』, 『권력이동』, 『부의 미래』 외에 다른 많은 저서를 남긴 저술가 겸 미래학자다. 디지털 혁명, 통신 혁명, 사회 혁명, 기업 혁명과 기술적 특이성에 대한 저작으로 유명하다. 그는 3년 동안 미국 의회와 백악관 출입 기자 활동을 했다. 뉴욕에서 〈포춘(Fortune)〉지의 노동관계 칼럼니스트로 일했다. 그는 경제와 경영 그리고 기술과 기술에 의한 영향에 대한 저술을 했다. 사회의 변혁에 대한 연구와 21세기 군사 무기와 기술의 발달에 의한 힘의 증가와 자본주의의 발달에 관한 연구를 했다. 또한 IBM사의 의뢰로 사회와 조직이 어떻게 컴퓨터로부터 영향을 받는지에 대한 논문을 썼고 컴퓨터 업계의 전설적인 대가들과 인공지능 전문가들과 교류를 했다. 제록스사는 제록스 연구서에 대한 기사를 의뢰하고 세계 최대 통신 기업인 AT&T는 그에게 자문을 구하기도 하였다.

"한국은 선택의 기로에 서 있으며 스스로 선택하지 못한다면 선택을 강요당할 것이다."

그가 미래학자로서 20여 년 전에 발표한 논문의 핵심이다. 우리는 그의 말대로 지금 선택을 강요당할 위기에 봉착해 있다. 2001년 6월 7일 토플러는 한국 정부의 의뢰를 받아 만든 보고서 「21세기 한국 비전」을 발표한다. 이 보고서에서 그는 '한국이 선택의 기로에 서 있으며 스스로 선택하지 못한다면 선택을 강요당할 것'이라고 하며 '세계 경제에서 저임금을 바탕으로 한 종속국으로 남을 것인가, 경쟁력을 갖춘 선진국이 될 것인가'의 빠른 선택이 이뤄져야 한다고 하였다. 한국이 경제위기를 겪은 것은 산업화 시대의 경제 발전 모델로 발전한 1970~1980년대와는 다른 새로운 가치 창출 양식이 등장하여 이전 모델이 더 이상 들어맞지 않기 때문이라고 지적하고, 혁신적인 지식 기반 경제를 만들어나갈 것을 제안했다. 특히 일본의 실수를 되풀이하지 말고 혁신을 간헐적인 것이 아니라 지속적으로 시도하고, 이를 잘 대우해서 보상하는 문화를 갖출 것을 제시하였으며, 생명공학과 정보통신 두 가지 분야에 강력한 추진력을 가해 서로 융합하여 발전시켜야 한다고 주장하였다. 이밖에도 교육체제를 개혁하여 지난 세기의 제2의 물결식의 산업체제로 길러지는 학교의 교육 시스템을 보다 유연하고 지식기반경제로 나아갈 수 있는 인재를 길러주는 시스템을 통해 새로운 환경에 적응할 능력을 키워야 한다고 주장하였다.

우리 아이는 창조적으로 사고하고 있을까, 아니면 다른 아이들과 똑같이 사고하고 있을까? 부모들은 누구나 아이가 미래를 창조하고 리드하는 인물이 되기를 바란다. 그러기 위해선 다양한 경험을 바탕으로 사물을 전혀 다른 시각으로 바라보면서 창조적으로 사고해야 한다. 하지만 지금의 학교 교육으론 창의력이 자라지 못한다. 앨빈 토플러의 말처럼 지금의 한국 교육의 시스템은 붕어빵을 찍어내는 공장에 불과하다.

02 / 학원에서 배우는 지식보다 상상이 먼저다

/ 대학을 졸업해도 입을 못 떼는 영어 교육 /

대입수능 영어 문제를 원어민 영어 교사들에게 풀어보라고 했다. 70점을 채 넘기지를 못하였다. 영어 원어민 교사의 실력이 미달이라는 말인가? 그들은 왜 이런 문제를 내는지 이해를 하지 못하겠다고 했다. 영어를 모국어로 쓰고 있는 그들이 지문조차 이해가 되지 않는다고 한다. 문제 자체도 현지에서 쓰이는 것과는 전혀 동떨어진 생뚱맞은 문제라는 것이다. 초중고대학을 졸업해도 영어 한마디 입을 못 떼는 우리나라 영어 교육의 현실이다. 학교에서 실질적인 교육이 되지 않다 보니 사교육인 학원으로 몰리는 한국의 교육 현실이다. 2020년 발표한 통계청 자료를 살펴보았다.

2019년 초중고 사교육비 조사 결과, 2019년 초중고 사교육비 총액은 약 21

조 원, 사교육 참여율은 74.8%, 주당 참여 시간은 6.5시간으로 전년 대비 각각 7.8%, 1.9%p, 0.3시간 증가. 사교육비 총액은 전년도 19조 5천억 원에 비해 1조 5천억 원(7.8%) 증가. 전체 학생 수는 전년 대비 감소하였으나 참여율과 주당 참여 시간은 증가.

전체 학생의 1인당 월평균 사교육비는 32만 1천 원, 참여 학생은 42만 9천 원으로 전년 대비 각각 10.4%, 7.5% 증가. 전체 학생 - 초등학교 29만 원(2.7만 원, 10.3%↑), 중학교 33만 8천 원(2.6만 원, 8.4%↑), 고등학교 36만 5천 원(4.4만 원, 13.6%↑). 참여 학생 - 초등학교 34만 7천 원(2.9만 원, 9.1%↑), 중학교 47만 4천 원(2.6만 원, 5.8%↑), 고등학교 59만 9천 원(5만 원, 9.1%↑).

초중고교의 교육이 대학 입시에 초점이 맞추어져 있는 한국 교육의 시스템이라서 사교육 시장은 해마다 커지고 있다. 심하게 말하면 지식팔이 시장이다. 꿈과 희망을 격려하고 아이들의 재능을 발견하기 위한 학습은 이루어지고 있지 않다. 단적으로 영어를 예로 들었지만 다른 과목도 별반 다르지 않다. 아이들의 감성을 풍요롭게 하고, 체력을 길러야 하는 예체능 교육은 뒷전으로 밀려나 선생님들조차 아이들에게 외면을 받는 현실이다.

대한민국 학교 교육의 근본적인 문제는 대학 입시와 대학 교육에 있다고 본다. 대학 입시에서 좋은 점수를 받아야 하기 때문에 암기식 주입식 교육

내 아이의 창의력을 키우는 비법

이 되었다. 좋은 점수를 받기 위한 속성 교육이 되었다. 초중고교에서 열심히 공부를 외치는 것은 좋은 대학을 가기 위해 준비하는 과정이 되어버렸다. 어느 대학을 나오느냐에 따라 졸업 후의 진로가 달라지기 때문이다. 초중고대학의 시스템이 자유와 창의에 초점이 맞춰지면 얼마나 좋을까? 대학 입시의 문을 넓히고, 졸업의 문을 좁히면 해결되지 않을까?

동양 철학을 하는 친구가 입버릇처럼 이야기하는 말이 있다. 사람이 일생 중 피해야 할 2가지가 있는데, 하나는 초년 장원이고 둘째는 말년 가난이다. 말년 가난은 듣기만 해도 누구나 피하고 싶은 말이기 때문에 금방 이해가 간다.

하지만 초년 장원이 무엇일까? 어릴 때 과거시험에 장원으로 급제를 해서 높이 올랐다는 이야기다. 화관을 쓰고 주위의 스포트라이트를 받아 자존감도 높을 것이다. 어릴 때부터 높이 올라 큰 행복을 맛보면 그 맛을 평생 잊지 못한다. 살아가면서 다른 작은 행복들은 양에 차지 않는다는 것이다. 옛 속담 '젊어서 고생은 사서도 한다'는 말과 뜻이 일치한다. 역사적인 업적을 남긴 위대한 성공자들의 대부분은 어린 시절 틀에 박힌 교육을 힘들어했다. 에디슨은 9세에 학교수업에 적응을 하지 못해 퇴학을 했다. 그는 10대부터 신문 팔이를 했다. 전신기사 견습생을 했고, 17세엔 미국 중서부를 떠돌며 전신기사로 일을 했다. 성공한 인생을 사는 사람치고 어린 시절이 완벽한 사람은 없다.

스티브 잡스의 성공 비결도 에디슨과 마찬가지로 학교 안이 아니라 학교 밖에서 그가 얻은 다양한 경험이다. 부모들은 아이를 아끼고 사랑한다는 이유로 그 천재성을 억누르고 있는지 살펴야 한다. 아이를 진정으로 사랑한다면 아이에게 학교나 학원에서 가르쳐주지 않는 것을 가르쳐야 한다.

인생에서 진정으로 중요한 것은 학교나 학원 밖에 있다는 사실을 잊지 말아야 한다. 대학 입시라는 목적을 향해 서 있는 줄을 이탈하기는 쉽지 않겠지만 획일화된 아이의 교육을 다시 한번 생각해봐야 하지 않을까? 내 아이의 잠재력은 서 있는 줄 속의 한계보다 훨씬 크고 넓다는 사실을 꼭 기억해야 한다.

/ 가슴 뛰는 꿈을 가진 아이는 다르다 /

"우리 아이는 학원에도 다니고 과외도 하지만, 성적이 전혀 나아지지 않아요. 성적 생각만 하면 아이의 장래가 암담해서 걱정입니다. 어떻게 하면 아이의 성적을 올릴 수 있을까요?"

보통 부모의 질문이다. 바로 성적을 올릴 수 있는 방법? 나는 거기에 대한 답을 하기보다 이렇게 말하고 싶다. 아이의 미래를 근본적으로 결정하는 것은 성적이 아니라 아이가 품고 있는 꿈이다. 가슴 뛰는 꿈과 비전을 가진 아이는 다르다. 꿈과 비전을 실현하려면 힘들어도 자기에게 꼭 필요한 공부를 해야 한다는 것을 안다. 필요성을 자각한 아이는 다르다. 학교에서 어쩔 수 없이 하는 공부가 아니라 '공부'라는 수단 없이 꿈을 이룰 수 없다는 것을 아이는 알고 있다.

김포에서 교편을 잡고 있는 선배의 아들은 나의 큰아이와 1살 터울이라서 만나면 잘 어울렸다. 선배와 나는 방학이면 아이들을 1주일씩 번갈아 가면서 각자의 집에 머물게 했다. 새로운 환경에서 새로운 사고와 경험을 하게 하고 싶었다. 아이를 어릴 적부터 다양한 경험에 노출시켜야 한다. 익숙한 환경에 있을 때에는 굳이 새로운 사고를 하지 않아도 되기에 아이디어나 영감이 떠오르지 않는다. 그러나 낯선 환경에서는 긴장하게 되고 자생력이 발동하여 뇌가 움직이게 된다. 그래서 새로운 영감이 떠오르는 것이다. 아이들은 방학 때 그렇게 새로운 환경에서 지냈던 경험을 지금도 이야기한다. 아이들은 지금도 오고 가며 친형제처럼 지낸다.

"지식보다 상상이 우선이다." - 아인슈타인

아이가 진정으로 잘되기를 원한다면 부모로서 아이를 학원으로 내모는 것이 아니라, 아이의 가슴을 뛰게 하는 것이 무엇인지 살펴야 한다. 꿈을 꾸는 아이는 스스로 생각하고 판단하기를 즐긴다. 이때 부모는 현명한 조언을 해주는 든든한 지지자가 되어야 한다. 아이 스스로 생각하고 판단하고 결정하는 것을 존중하라. 스티브 잡스는 타인의 생각이 아닌 자신의 마음과 직관에 따라 행동했기에 위대한 인물이 되었다. 아이가 어릴 때부터 주도적으로 자기 인생을 살게 하라.

내 아이의 창의력을 키우는 비법

03 / 아이의 창의력을 일깨우는 방법

/ 아이는 저만의 재능을 타고난다 /

솔거(率居)는 신라의 화가다. 황룡사 담벼락에 늙은 소나무를 그렸는데, 까마귀, 까치, 참새들이 진짜 나무인 줄 알고 날아와 앉으려고 했다. 새들이 황룡사 벽에 부딪혀 떨어졌다는 일화는 1,000년의 세월이 지나 지금까지도 전해진다. 이 이야기는 『삼국사기』에 실려 있다. 세월이 지나 황룡사의 노송벽화가 빛이 바래어 절의 스님들이 단청으로 덧칠을 했더니 까마귀와 참새는 더 이상 날아오지 않았다고 한다. 지금의 3D기술로 입체적인 그림을 그려 다시 새를 불러들일 수 있을까?

나는 이보다 앞선 어린아이 솔거 일화를 들은 적이 있다. 솔거의 아버지는 아이를 대우받지 못하는 환쟁이로 키우고 싶지 않았다. 허구한 날 아무 곳에서나 그림을 그려대는 아이가 못마땅했다. 그림을 그리지 말라고 해도 말을 듣지 않았다. 하루는 아이를 기둥에 묶어놓고 외출을 했다. 그림을 그리고 싶은 어린 솔거는 이런 현실이 괴로웠다. 그림을 그리지 못하도록 기둥에 결박이 되어버린 솔거는 하염없이 눈물을 흘렸다. 솔거는 바닥에 떨어진 눈물을 이용해 발가락으로 그림을 그렸다. 솔거의 아버지는 집으로 돌아와 아이의 이런 모습을 보고 자신의 뜻을 포기하기로 마음먹었다. 솔거의 재능을 살리기로 했다는 것이다. 도랑에 사는 가재는 후진으로 쏜살처럼 사라진다. 바닷가의 게들은 옆으로 힘들지 않게 잘도 다닌다. 가재나 게가 자기만의 특질을 타고나는 것처럼 아이들은 저마다의 능력을 타고난다. 잘하는 걸 하나씩은 꼭 가지고 태어난다.

아이의 재능이 무엇인지 눈여겨 살펴야 한다. 부모는 언제나 아이에게 관심을 기울여야 한다. 농부가 옥수수를 심었으면 알이 굵고 빼곡한 옥수수를 맺어야 하지 않겠는가? 나의 할아버지는 농부셨다. 논과 밭을 다니실 때 나를 데리고 다니는 걸 좋아하셨다. 지금도 가슴에 박혀 있는 말씀이다. "곡식은 농부의 발자국 소리를 듣고 자란다." 정성스런 관심을 받은 곡식들은 가을이 되면 풍성하게 보답을 한다. 사람의 일생도 농부의 1년 농사처럼 자식으로 보답을 받는다고 생각한다. 자식의 효도를 받자는 얘기가 아니다. 요즘같은 저출산이라는 사회적 위기에 아이를 많이 낳는 것은 국가에 충성하고 가정에 효도하는 것이다. 나는 아들이든 딸이든 가능하면 많이 낳기를 원한

내 아이의 창의력을 키우는 비법

다. 요즘은 사회가 팍팍하여 3포세대라는 말이 새로이 생겨났다. 연애, 결혼, 출산 셋을 포기한 세대라서 삼포세대라 한다. 집과 경력을 더해 5포세대, 취미와 인간관계마저도 포기하면 7포세대라고 한다. 이런 신조어들을 들으면 씁쓸하지 않을 수 없다. 젊은 사람들이 이런 생각을 하는 것은 어려운 사회 환경도 한몫했다. 그러나 나라의 백년대계를 생각하면 자식 농사는 다다익선이라 생각한다.

"물을 엎지른 3명의 아이가 있다. 첫 번째 아이는 엄마에게 야단맞을 것이 두려워 정신없이 물을 닦는다. 두 번째 아이는 자기가 잘못하고 겁이 나서 울기만 한다. 세 번째 아이는 엎질러진 물로 바닥에 그림을 그리며 즐거워한다."

당신의 아이는 어디에 속한다고 생각하는가? '엎질러진 물'이라는 문제에 직면한 3명의 아이가 반응하는 방식은 전혀 다르다. 두려움에 떨며 물을 닦거나 겁에 질려 우는 것은 창의적인 해결 방식이 아니다. 주저앉아 우는 것은 해결책이 될 수 없다. 그러나 세 번째 아이는 '물을 엎질렀다'는 실수에서 그림이라는 창조적인 결과물과 즐거움이라는 정서적 가치를 만들어낸다. 이것이야말로 어떤 상황에서도 부정을 긍정으로 전환하는 창의적인 문제해결 방식이라고 할 수 있다. 첫 번째와 두 번째 아이는 평소 자신이 하고 싶은 일이 있어도 부모에게 꾸중을 들을 것이 두려워서 위축되어 있다. 그러니 창의적인 문제해결 능력이 발휘되기가 어렵다. 그러나 세 번째 아이는 물을 엎질러놓고도 부모에게 야단맞을지도 모른다는 생각조차 없다. 이는 평소 부모가 아이에게 지나치게 간섭을 하거나 강요하지 않았음을 말해준다.

/ 관심과 사랑은 타는 불의 기름과 같다 /

아이에 대한 부모의 관심에 사랑을 더했을 때, 아이의 창의력은 타는 불에 기름을 부은 것처럼 활활 타오른다. 아이는 기가 살고 자존감이 높아져 문제를 스스로 해결하는 능력이 생긴다. 그러나 부모의 지나친 관심과 걱정은 아이에게 자립심을 앗아가 의존적인 존재로 만들기 쉽다. 아이들에게서 한 걸음 물러나 지켜봐야 할 필요가 있다. 사랑도 아이의 창의적 자립심을 위하여 절제되어야 한다. 아이의 문제를 해결해주고 싶은 마음이 굴뚝 같더라도 참아야 한다. 아이가 스스로 해결책을 찾도록 묵묵히 기다려줄 줄 알아야 한다. 부모가 아니라 친구처럼 마음을 터놓고 서로 해결책을 의논할 필요가 있다. 모든 것을 책임져주거나 일방적인 희생은 아이의 창의적 문제해결 능력이 자랄 기회를 빼앗는 것임을 기억해야 한다.

"아빠, 이해가 안 가는 게 있어요."
"저 아기 때 아빠가 저에게 음식도 씹어서 입에 넣어주셨잖아요?"
"맛없다고 하면 아빠가 다시 받아 드셨어요."

내 아이의 창의력을 키우는 비법

"근데 아빠들은 아들을 왜 그렇게 무조건적으로 사랑하는지 이해가 안 가요."

아이의 질문에 나오는 것처럼 아이에게 그렇게 먹이는 것을 부모라면 한 번쯤은 해보았을 것이다. 생선은 가시를 발라서 먹이고, 뼈에 붙은 고기는 뜯어서 먹이고, 매운 것은 빨아서 먹였다. 그런 본능을 이해가 가지 않는다고 물으니 그냥 그런 것이라고 할 수도 없고 지혜가 필요하다.

"그건 이해하는 것이 아니야. 봄이 오면, 꽃이 피는 것처럼 자연의 본능이기 때문에 그냥 그렇게 하는 거야. 하늘의 새나 늑대 같은 짐승, 기어 다니는 곤충도 자기 자식은 생명을 바쳐서 보호하고 사랑하잖아. 하물며 사람이야 오죽하겠냐?"

"저도 아빠가 되면 그렇겠네요?"

"당연하지. 내가 너를 사랑한 것처럼 비슷한 방식으로 사랑하고 교육할 거야."

스티브 잡스의 10대 시절에 대한 회고에서 나는 부모의 관심과 사랑에 대한 부분을 발견했다. 스티브는 자신이 입양되었다는 사실을 알고 괴로워했다. 그의 양부모는 스티브의 눈을 똑바로 바라보며 진심 어린 말을 했다.

"스티브, 우리는 너를 특별히 선택했단다."

아이의 가슴 속에 부모의 사랑을 확실하게 심어준 것이다. 그의 양부 폴 잡스는 차고 안 작업대의 한쪽을 나눠주었다.

"스티브, 이제부터 여기가 너의 작업대다."

스스로 무엇을 할 수 있는 공간을 만들어주면서 창의적 자립심이 자라게 된 것이다. 결국은 그 창고에서 세계적인 혁신기업 애플이 탄생했다.

손재주가 좋았던 폴 잡스는 아들에게 작업하는 모습을 몸소 보여주었고, 방법들도 가르쳐주었다. 스티브 잡스는 비록 많은 것이 갖춰진 부유한 가정에서 자라진 못했지만 부모의 온전한 사랑과 관심 속에서 자랐다. 스티브 잡스는 아버지와 함께했던 시간을 이렇게 회고했다. "나는 차를 고치는 일에는 흥미가 없었습니다. 하지만 아버지와 함께 보내는 시간만큼은 즐겁고 행복했습니다."

아이가 진정 잘되기를 바란다면 관심으로 재능을 발견하려 애써야 한다. 거기에 사랑이란 기름을 부어야 한다. 그러면 아이의 창의력은 겨울을 난 대지처럼 언 땅을 뚫고 봄풀처럼 자라기 시작할 것이다.

04 / 세상의 정답은 하나가 아니다

/ 악명 높은 한국의 주입식 교육 /

추운 겨울이었다. 귀가하니 아이가 베란다에 서서 라면을 먹는다. 슬리퍼에 아래는 파란 스머프가 그려진 팬티를, 위는 오리털 잠바를 입었다. 그런 우스꽝스런 복장으로 베란다에서 라면을 후후 불며 먹는 모습이 재미있었다. 먹는 것을 밝히는 아이라서 계란 후라이나 라면 정도는 손수 끓여 먹는 것을 즐긴다. 자기만의 레시피가 있다고 아이 엄마가 끓여준다고 해도 극구 자기가 끓여 먹는다. 식탁에서 먹지 왜 거기서 그렇게 먹느냐고 물었다.

"라면은 추운 곳에서 후후 불면서 먹어야지 제맛이에요."

아이가 라면을 먹는 방식은 뻔하다. 엄마가 라면을 끓여주면 식탁에 앉아 먹는다. 이 모습이 보통의 모습이다. 나는 한 번도 겨울 베란다에서 팬티만 입고 라면을 먹어본 일은 없다. 나는 아이의 이런 창의적인 면을 좋아한다. 무엇보다 생각으로만 그치는 것이 아니라 실행한다는 것이다. 무엇을 생각하든지 당장 실행으로 옮기는 아이의 모습을 보며 오히려 내가 배운다. 나는 아이의 이런 모습을 보면 머리가 시원해진다. 세상은 객관식 사지선다형이 아니다. 세상의 정답은 결코 하나가 아니다. 나는 아이의 이런 모습은 주관식이며, 라면을 먹는 방식은 다양하다는 것이다. 남과 다른 생각이고 창의력의 시작이라고 생각한다. 학교는 한 가지 교육 방식을 모든 아이에게 똑같이 적용을 하려 한다. 지금의 시스템이 그렇다. 나는 한국 국적이면서 미국에서 초중고교를 마치고 대학교까지 졸업한 후배에게 '주입식 교육'이 영어로 뭐냐고 물었다. 'Traditional Korea education'이란다. 나는 한 대 쥐어박고 싶었다. 장난하지 말라고 하니 진짜란다. 나는 'Input based education 또는 Cramming education'을 쓰는 게 어떠냐고 물으니 문제는 없지만 자기가 쓰는 게 뜻이 가장 잘 통한다고 했다. 한국의 교육이 얼마나 악명이 높았으면 주입식 교육을 'Traditional Korea education'이라고 할까. 나는 실소를 금치 못했다.

대한민국은 일제 식민지에서 해방된 이후 일본의 교육을 그대로 이어받았다. 해방 이후 몇 년 지나지 않아 우리는 6.25 전쟁을 겪었다. 강토를 폐허로 만들며 3년을 지속한 전쟁을 휴전으로 종식했다. 국민들은 전쟁의 폐허

내 아이의 창의력을 키우는 비법

속에서 먹고사느라고 아이들 교육이며 교육 제도를 정비할 정신이 없었다. 그동안 여러 차례 교육 제도의 변화가 있었지만 아직 한참 멀었다. 지금의 교육 제도로는 아이들의 창의성을 키울 수가 없다. 이제는 바뀔 때가 되었다. 나의 접근 방식은 부모로서 할 수 있는 최선의 방법을 찾는 것이다.

지식이 수많은 갈래로 분화한 오늘날, 사람들은 흔히 한 가지 지식만을 전문적으로 습득하면 성공할 수 있다는 착각에 빠진다. 그러나 그런 유형의 사람들에게서 창의력을 기대하기란 쉽지가 않다. 극단적인 이야기지만 한 분야에 몰두해 박사가 되는 순간 자기의 분야에 갇혀 바보가 되는 것이 아닌가 생각한다. 내 주변에는 박사 친구들이 널렸지만, 그들과 소통하기가 참 힘들 때가 많다. 나는 그들에게서 우리나라 주입식 교육의 폐해를 발견할 수 있다. 지금은 인터넷 덕분에 좋은 정보와 지식이 넘쳐난다. 조금만 수고해도 많은 지식을 습득할 수 있다. 인터넷이 생활로 보편화되기 전에는 지식이 박사들의 전유물이었다. 그러나 세상이 열려버렸다. 지금은 융합의 시대다. 그 수많은 고급 정보를 융합할 수 있는 능력이 창의력으로 통한다. 스티브 잡스는 인문, 경영, 디자인 등 다양한 분야에서 정확하고 폭넓은 지식을 갖추고 있었다. 그의 상상력과 창의력은 탄탄하고 다양한 그의 지식적 바탕 위에서 전개된 것이다. 거기서 그는 누구도 생각하지 못했던 혁신적인 제품을 창조해 세상을 놀라게 했다. 스티브 잡스는 1999년 10월 10일 자 〈타임〉지와의 인터뷰에서 창의력의 발판이 되는 융합적인 지식에 대해 이렇게 얘기했다.

"나는 절대로 예술과 과학이 별개라고 생각하지 않습니다. 레오나르도 다 빈치는 위대한 예술가이자 과학자였습니다. 미켈란젤로는 채석장에서 돌을 자르는 방법에 대해 엄청난 지식을 보유하고 있었습니다. 내가 아는 가장 뛰어난 컴퓨터 과학자들은 모두 음악가이기도 합니다. 어떤 사람이 다른 사람보다 실력이 더 뛰어날 수 있겠죠. 하지만, 그들은 모두 음악을 인생의 중요한 일부로 여깁니다. 최고의 인재들은 자신을 나무 밑동에서 갈라져 나온 가지로 여기지 않습니다. 나도 그렇게 생각하지 않습니다."

/ 자유로움과 다양성을 존중하고 사랑하라 /

이탈리아를 여행하면 그들의 건축과 수많은 조각상, 거리의 모습을 보고 놀란다. 오죽하면 2차 세계대전 때 히틀러가 한 조각도 다치지 않게 하라는 엄명을 내렸을까. 히틀러는 프랑스 파리를 점령했을 당시 에펠탑을 올라가 파리를 내려다보는 걸 즐겼다고 한다. 철수할 때는 에펠탑을 폭파하라는 지시를 내렸지만 현지인들의 지혜로 그렇게 되지는 않았다고 한다. 히틀러가 사랑한 이탈리아의 건축물을 보면 색을 내기 위한 인공의 칠이 전혀 없다. 자연석의 컬러를 그대로 살려 건축을 했다. 미켈란젤로 같은 천재가 자른 돌의 단면을 보면 황홀하기 그지없다. 거대한 돌을 잘라 잇댄 건축물을 보면 탄성이 절로 나온다. 나는 이들이 만든 놀라운 업적의 이유를 자유로움과 다양성에서 찾는다. 답은 하나가 아니라는 것이다. 내가 만난 이탈리아 사람

내 아이의 창의력을 키우는 비법

들은 말이 많다. 자유롭게 말하고 어디서든지 얘기하는 것을 즐긴다. 자기주장이 분명하다는 것이다. 그들은 주입식의 객관식을 절대 받아들이지 않는다. 나는 이들의 자유로움과 다양성을 존중하고 사랑한다.

스티브 잡스는 젊은 시절에 다양한 경험과 지식을 쌓았다. 그것이 훗날 애플에서 출시한 제품에 적용되었던 사례를 여럿 찾아볼 수 있다. 예를 들자면 다른 컴퓨터가 모방할 수 없는 애플만의 독특한 서체만 해도 그렇다. 스티브 잡스의 상상력과 창의력을 단적으로 보여주는 매킨토시의 서체는 그가 대학을 그만두기 전에 배웠던 캘리그래피 수업이 배경이다. 그는 대학을 그만두려고 했는데 캘리그래피 수업이 너무 배우고 싶어 중퇴를 뒤로 미루고 캘리그래피 수업을 들었다. 스티브 잡스는 스탠퍼드 대학 졸업식 연설에서 당시를 회상하며 이렇게 말했다.

"나는 캘리그래피를 배우려고 그 수업을 듣기로 했습니다. 그것은 과학적인 방법으로는 포착할 수 없는 것으로 무척 아름답고, 유서 깊고, 예술적이었습니다. 정말 매혹적이었죠. 이런 것들이 내 인생에 어떤 실제적인 도움을 주리라는 기대는 하지도 않았습니다. 하지만 그것은 10년이 지나 우리가 매킨토시를 처음 설계했을 때 고스란히 나타났습니다."

처형의 손녀가 유치원에 등원을 하며 한 발은 노랑 장화를, 한발은 흰 운

동화를 신고 갔단다. 보통의 엄마들은 아이가 신발을 그렇게 신고 나서면 제지를 했을 것이다. 처형의 교육 철학은 신선하다. 왜 그렇게 신었느냐고 물으니 "둘 다 신고 싶은데 한꺼번에 2개의 신발을 신을 수 없으니 한 짝씩 신은 거예요."라고 했단다. 또박또박 말하는 아이의 모습이 그림처럼 눈에 그려진다. 지금의 표준화된 학교의 주입식 교육의 위험성은 심각하다. 하나의 답으로 몰고 가는 교육으로는 아이의 창의력이 자라지 않는다. 그들이 살아야 할 세상의 정답은 하나가 아니기 때문이다.

내 아이의 창의력을 키우는 비법

05 / 창의적인 인물들은
주입식 교육을 받지 않았다

/ 윈스턴 처칠은 공부를 못했던 아이였다 /

"12년간 나에게 라틴어의 시(詩) 한 구절이나 희랍어 알파벳을 외우게 하
는 데 성공한 선생님은 한 사람도 없었다." - 윈스턴 처칠(Winston Churchill)

영국의 총리를 지내며 2차 세계대전을 승리로 이끈 윈스턴 처칠은 초등학
교 때부터 고등학교 때까지 공부를 엄청 못했다고 한다. 열등생이었던 그는
대학 진학은커녕 군인 말고는 마땅히 할 일이 없으리라 생각한 아버지의 권
유에 따라 군대에 들어갔다. 그 후 종군기자로 취직을 하면서 조금씩 자신의
재능을 깨닫고 주도적인 인생을 살게 되었다. 그는 어린 시절에 공부 잘하는
아이가 아니었지만 정치인이 된 후 34세부터 보통 사람으로는 도저히 해내
기 어려운 직분들을 수행했다. 그가 상무부 장관, 내무부 장관, 해군 장관, 대

법관, 탄광 장관, 육군 장관, 대공부 장관, 식민지 국무장관, 재무부 장관, 해군 장관, 국방장관을 역임했다는 사실이다. 그는 육군 출신임에도 1차 세계대전 당시 해군장관으로 국가에 봉사했다.

2차 세계대전 때는 전시총리로 "우리가 히틀러에게 지면 세상은 암흑시대를 맞이한다."라고 외치며 전쟁을 승리로 이끌었다. 1965년 향년 90세에 그는 세상을 떠났다. 영국은 그의 장례를 황실급 국장으로 최고로 예우했다. 프랑스의 샤를 드골 대통령은 처칠의 부음을 접하고 "이제 영국은 더 이상 대국이 아니다."라고 했다 하니 당시 처칠의 존재감을 알 수 있는 대목이다.

처칠을 비롯한 천재 발명가 토머스 에디슨, 천재 물리학자 알베르트 아인슈타인, 애플의 스티브 잡스, 제너럴일렉트릭(GE)의 잭 웰치… 모두 교사가 우려하고 포기하다시피 했던 아이들이었다.

그럼에도 불구하고 그들은 자기 분야에서 최고가 되었다. 나는 그들이 공부를 못한 이유를 주입식 교육에서 찾았다. 획일화된 교육의 커리큘럼으로 다양한 재능을 갖고 태어난 아이들에게 똑같은 교육을 하는 방식으로는 아이들의 창의력을 키우지 못한다. 이들은 주입식 교육을 온몸으로 거부한 것이다. 성적으로 아이들의 재능을 평가하는 방식으로는 그들의 재능을 발견하지 못한 것이다.

내 아이의 창의력을 키우는 비법

잭 웰치(Jack Welch)는 어린 시절 키가 아주 작았다. 또한 그는 말을 심하게 더듬었는데 그의 어머니는 아들을 다그치거나 부끄러워하지 않았다. "잭, 너는 입이 따라가지 못할 정도로 두뇌 회전이 빨라서 말을 더듬는 거야. 네가 말하는 데 어려움이 있는 것은 네가 말하는 동안 아이디어가 마구 떠오르기 때문이야"라고 말해서 자신감을 북돋아주었다. 그는 그런 어머니 덕분에 말을 더듬거나 체구가 왜소한 것은 문제가 되지 않는다고 여기며 자신감을 가질 수 있었다.

"한국은 팔씨름으로 나를 이기고 GE와 합작을 성공한 정 회장 같은 사람이 많아서 결코 망하지 않을 것이다." - 잭 웰치(Jack Welch)

잭 웰치는 우리나라에서 현대의 창업주 고 정주영 회장과의 팔씨름 일화로도 유명한 인물이다. 1983년은 잭 웰치가 제너럴일렉트릭(GE) 회장에 취임한 지 얼마 안 된 해였다. 정주영 당시 현대그룹 회장이 그를 방문해 현대전자(현 SK하이닉스)의 합작 파트너가 돼 달라고 부탁했다. 웰치는 전자에 문외한인 정 회장을 냉대했다. 정 회장은 화를 내며 팔씨름을 제안했다.

"당신이 지면 내 부탁을 들어주시오."

만능 스포츠맨에 스무 살이나 젊은 잭은 자신이 질 것이라는 생각을 하지 않은 채 이에 응했다. 결과는 뜻밖에도 정 회장의 승리였다. 웰치의 지원에 힘입어 현대전자는 세계적인 메모리 반도체 기업으로 성장했다. 웰치는 틈만 나면 팔씨름 얘기를 했다고 한다. 우리나라의 외환위기 때도 "한국은 팔씨름으로 나를 이기고 GE와 합작을 성공한 정 회장 같은 사람이 많아서 결코 망하지 않을 것이다."라고 했다고 한다.

잭은 은퇴 후 경영대학원을 세워 인재를 양성했다. '잭 웰치의 마지막 강의'에서 "창의적인 직원에게 자유를 많이 주라."라고 당부했다. 철도기관사 아들로 태어나 '세기의 경영자'라는 평가를 받은 그는 2020년 3월 1일 85세로 세상을 떠났다.

/ 부모 품을 떠나 훨훨 날아가는 아이 /

"아빠, 학교를 그만두고 싶어요."
"친구들도 아무 생각 없이 학교를 다니고 선생님들도 형식적으로 가르치세요."
"귀중한 시간을 낭비하고 싶지 않아요."

아이는 고등학교 다니는 것을 답답해했다. 아이는 어릴 때부터 사물과 사건을 대하는 호기심이 남달랐다. 아이는 틀에 박힌 학교 교육을 힘들어했다.

　　　　　　　　　　　내 아이의 창의력을 키우는 비법

선생님께 질문을 하면 엉뚱하다고 핀잔을 받거나 대답 없는 쓴웃음만 돌아오기 일쑤였다. 나는 아이에게서 어두운 동굴에 갇혀 있는 갑갑함을 보았다.

"아빠도 그랬는데 지금 아들이 그 마음 그대로네."
"아빠는 학교를 그만둘 용기를 내지 못했는데 아들은 대단한걸?"

아이는 외국을 가고 싶어 했다. 뻗쳐오르는 호기심을 누를 수가 없었다. 아이는 학교에서는 가르쳐주지 않는 미지의 것들을 직접 체험하고 싶어 했다. 나 역시 학업에 큰 흥미가 없었다. 남들이 다 가는 대학이니 그냥 생각 없이 입시공부를 하던 시절이 생각났다. 나는 이런 결정을 한 아이가 대견했다.

자퇴 후의 계획을 물었다. 엄마의 친구 동생이 중국 하얼빈에서 사업을 하고 있는데, 거기 가서 심부름도 하고 일을 배우며 세계를 경험하고 싶다는 것이었다. 아이는 내가 선생님을 만나 달라고 했다. 선생님께 자퇴에 대해 상담을 했는데, 선생님이 무조건 안 된다고 하셨다고 했다. 학교를 그냥 안 갈수 없으니 아빠가 설득을 해달라는 거였다.

나는 아이와 함께 담임 선생님을 찾아갔다. 선생님은 우려를 많이 하셨다. 아이가 호기심과 창의력이 남다른 건 아는데 그래도 고등학교는 졸업해야 하지 않겠냐는 것이었다. 나는 아이의 성향을 너무나 잘 알고 있었기 때문에 단호했다. 아이의 자유로운 영혼을 답답한 교실에서 벗어나게 하고 싶었다. 나머지 교육은 아빠인 제가 알아서 하겠다고 했다. 담임 선생님은 아이가 우려도 되지만 사실은 부럽다고 하셨다. 아이는 그렇게 고등학교 1학년을 다니다가 자퇴했다. 아이는 나의 적극적인 지지에 감사해했다.

인천공항에서 아이를 배웅했다. 아이는 꿈에 부풀어 싱글벙글했다. 아이에게 두려움이라고는 일도 찾아볼 수 없었다. 나는 마음이 몹시 아팠다. 품에 든 아이를 떠나보내는 게 쉬운 일은 아니었다. 나는 아이의 꿈을 응원한다. 아이는 무엇이 되겠다는 확고한 꿈은 없었지만 세상을 직접 경험하고 싶어 했다. 나는 아이의 캐리어를 손수 끌었다. 나는 아이와 입을 맞추고, 평소와 같이 얼굴과 머리, 온몸을 동물처럼 부비부비했다.

"사랑해 아들! 아들이 아빠를 믿듯이 나는 너를 믿는다. 우리는 같은 심장이 뛰고 있으니까. 네가 어디서 무엇을 하든지 아빠와 함께 있는 거야."

눈물을 보이지 않으려고 꾹 참았다. 나는 그렇게 아이를 떠나보냈다. 일상으로 돌아가는 일만 남았다. 주차장에 주차해 두었던 차를 탔다. 눈물이 터져 올라왔다. 소리까지 터져 나와 엉엉 꺼이꺼이 울었다. 한참을 울고 나니 1시간이 지났다. 속절없는 눈물이었다. 두꺼비 눈처럼 통통 부어올랐다.

내 아이의 창의력을 키우는 비법

창의적인 인물들은 주입식 교육을 받지 않았다. 그들은 생각의 콘셉트가 다르다. 주입식으로는 그들을 설득할 수 없다. 특히 어린 시절에 주입식을 강요하면 반항을 하거나 괴롭게 된다. 스티브 잡스는 대학 졸업장 대신 자퇴를 결정했다. 그는 훗날 한 매체와의 인터뷰에서 이렇게 회고했다.

"당시에는 상당히 두려웠지만, 뒤돌아보니 내 인생 최고의 결정 중 하나였습니다."

06 / 창의력은 아이를 위대하게 만든다

/ 위대한 인물은 소확행을 말하지 않는다 /

요즘 경제가 어려워지면서 '소확행'이란 유행어가 생겨났다. 아이나 젊은이나 어른들조차도 소확행을 이야기한다. 큰 꿈을 가지기엔 세상이 너무 팍팍하니 소소하지만 확실한 행복을 추구한다는 뜻이다. 언어는 현재 살고 있는 사회 현상을 반영하는 지표이다. 참 서글픈 현실이다. 나는 소확행이 한창 꿈을 꿔야 하는 세대들에게 각인되는 것이 두렵다. 사람은 꿈을 먹는 존재다. 누구나 어떤 분야에서든지 최고가 되고 싶어 한다. 성공해서 행복을 누리고 싶어 한다. 그러나 애초부터 이런 꿈을 접고 작은 것에서 행복을 찾자는 것은 바람직하지 않다. 세상을 빛낸 위대한 인물들은 소확행으로 만족하지 않았다. 당당하게 원대한 꿈을 꾸었고, 어떠한 고난이 다가와도 과정이라 생각하고 목표를 향해 꾸준히 나아갔다. 그들은 꿈이 있었기에 창의적인 발상을 했다.

역사적으로 위대한 인물들은 상상력이 풍부하고 창의적이었다. 그들은 뚜렷한 목적이 있었다. 기존의 틀에 매이지 않고, 창의적 발상으로 세상을 변화시켰다. 이름만 들어도 알 만한 인물들을 생각해보았다. 그들은 국가와 시대, 분야를 불문했다. 그들의 공통점은 담대하게 자신만의 꿈을 꾸었고 자기 분야에서 독특한 창의력으로 역사를 바꾸었다는 것이다.

지동설로 우주관을 뒤바꾼 천문학자 니콜라스 코페르니쿠스(Nicolas Copernicus), 멘델의 법칙을 남긴 유전학의 창시자 그레고리 멘델(Gregor Johann Mendel), 과학과 예술의 분야를 아우른 르네상스 시대 최고의 화가 레오나르도 다 빈치(Leonardo da Vinci), 다빈치, 미켈란젤로 함께 르네상스 3대 거장으로 불리는 화가 라파엘로 산치오(Raffaello Sanzio), '천지창조'를 그린 르네상스 예술가 미켈란젤로 부오나로티(Michelangelo Buonarotti), 정신분석학자 칼융(Karl Jung), 전구, 축음기, 영사기를 만들어낸 토머스 에디슨(Thomas Alva Edison), 만유인력의 법칙으로 유명한 아이작 뉴턴(Isaac Newton), 청력을 잃은 불멸의 작곡가 루드비히 판 베토벤(Ludwig Van Beethoven), 인류 최초로 비행을 성공시킨 라이트 형제(Wright Brothers), 입체파를 창시한 현대화가 파블로 피카소(Pablo Picasso), 꿈을 통한 정신분석 이론을 창시한 심리학자 지그문트 프로이트(Sigmund Frued), 진화론을 정립한 찰스 다윈(Charles Darwin), 서양 미술사상 가장 위대한 화가 중 한 사람으로 네덜란드의 빈센트 반 고흐(Vincent Van Gogh), 18세기 고전주의 음악의 정수를 보여준 작곡가 볼프강 모차르트(Wolfgang Amadeus Mozart), 상대성원리의 물리학자 앨버트 아인슈타인(Albert Einstein) 등등.

/ 소확행은 자연의 법칙에 위배된다 /

위대한 업적을 남긴 인물들 중에 지구상에서 가장 위대한 발명가로 평가받는 토머스 에디슨(Thomas Alva Edison)을 살펴보자. 그는 1847년 오하이오주 밀란에서 태어났다. 에디슨은 어린 시절부터 주변의 많은 것들에 대한 호기심이 있었다. 그는 당시의 주입식 교육에 적응하는 데 심한 어려움을 겪었다. 에디슨은 9세 때 학교에서 저능아라고 해서 초등학교 입학 후 3개월 만에 그만두게 된다. 정규 교육을 받은 것은 고작 3개월뿐이었다. 그는 12세에 철도의 신문팔이 소년으로 돈을 벌었다. 15세에 열차 안에서 신문을 발행하다가 화재를 일으켰다. 16세에 마운트 클레멘스 역의 전신기사 견습생으로 일을 했다. 에디슨은 17세부터 4년간, 전신기사로서 미국 중부와 서부 지방을 다니며 일을 했다. 21세에는 투표기록기를 발명해서 에디슨의 삶에서 처음으로 특허를 얻었다. 그는 22세에 뉴욕으로 갔다. 그리고 처음으로 자신의 이름을 건 포프-에디슨 전기회사를 설립했다. 20대를 열정적으로 보내고 30세인 1877년 축음기(Phonograph)를 발명했다. 인류가 최초로 소리를 저장

내 아이의 창의력을 키우는 비법

한 것이다. 1879년 32세에 백열전등을 발명했다. 1882년 35세에 뉴욕시에 처음으로 전등을 켰다. 1914년 제1차 세계대전이 일어났다. 그는 이듬해 미합중국 해군 고문 위원회의 총재가 되었다. 그는 정부를 위해서 군사적 발명에 몰두했다. 그는 1931년 10월 18일, 향년 84세로 자택에서 죽었다. 그는 이 세상을 떠날 때까지 수많은 발명품을 만들었지만 굵직한 것만 살펴보았다.

에디슨이 활발한 연구가 진행될 당시 미국의 과학기술은 유럽에 비해 내세울 게 없었다. 특히 유럽의 물리학은 19세기 말에서 20세기 초까지 아인슈타인, 닐스 보어, 퀴리 부부, 하이젠베르크 등 천재적인 학자들이 서로 경쟁하며 비약적으로 발전하고 있었지만, 미국은 변방에 불과했다. 에디슨은 학자적인 탄탄한 이론을 갖고 있지는 못했다. 그러나 그는 호기심과 창의적인 실험을 통한 발명으로 미국을 응용 기술 면에서 유럽을 압도하는 국가로 만들었다.

토머스 에디슨은 2,000종 가까운 발명품을 만들었다. 이 많은 발명을 위해서 에디슨은 수백만 번의 실패를 거듭했다. 에디슨은 우리가 현재 사용하고 있는 전구를 완성하기 위해 9,999번이나 실패를 했다고 한다. 친구가 "자네는 실패를 만 번 되풀이할 작정인가?"라고 묻자 에디슨은 "나는 실패를 거듭한 게 아니야. 그동안 전구를 발명하지 못한 법을 9,999번 발견했을 뿐이야."라고 대답했다.

에디슨은 노년에도 매일 16시간 일했다고 한다. 그는 보통 사람들이 게으르다고 생각하였다. 그는 사람들이 인생의 한정된 귀중한 시간을 너무나도 많이 잠으로 낭비하고 있다고 안타까워했다. 그는 시간을 아끼기 위해 극히 적은 양의 식사를 했다. 다른 사람들에게도 식사를 줄이는 게 건강과 삶에 도움이 된다고 권유했다. 에디슨은 84년 생애 동안 무려 1,093개의 발명품을 남겼다. 그가 기록한 아이디어 노트만 해도 3,400권이나 된다.

"천재란 1%의 영감과 99%의 땀이다."

토머스 에디슨이 남긴 명언이다. 그의 일생 동안의 신조로 알려져 있다. 그는 대학 강의를 경멸했고, 보통 교육에 관해서도 "현재의 시스템은 두뇌를 하나의 틀에 끼워 넣는다. 독창적인 사고가 길러질 수 없다. 중요한 것은 물건이 만들어지는 과정을 보는 것이다."라고 비판하였다. 그는 천재라 불리는 사람들의 노력과 창의에 대해서 이렇게 이야기한다.

"천재는 노력으로 만들어집니다. 노력을 하다 보면 번뜩이는 아이디어도 떠오르고요. 아무 노력조차 하지 않는데 아이디어가 번쩍 떠오를 리가 없습니다."

나는 여기에 꼭 필요한 한 가지가 선행되어야 한다고 말하고 싶다. 자기가

내 아이의 창의력을 키우는 비법

좋아하고 잘하는 일이다. 즉 자신의 재능에 맞는 꿈에 노력이라는 기름을 부으라는 것이다. 활활 타는 장작불에 기름을 부으면 엄청난 기세로 타오른다. 끓는 물의 비등점은 100도다. 99도의 노력을 기울여도 1도의 창의적 영감이 더해지지 않으면 물이 끓지 못한다. 이것을 다 갖춘 에디슨은 천재적 발명가가 된 것이다.

당신은 아이에게 소확행을 가르칠 것인가? 아니면 가슴에 위대한 야망을 심을 것인가? 생명의 본성은 번성이다. 누구나 크게 성공하고 싶어 한다. 소확행은 인간이 범하는 어리석음이다. 노년의 소확행이야 반대하지 않는다. 하지만 미래를 이끌어야 하는 아이들 입에서 소확행이란 말이 나온다면 부모가 반성해야 한다. 자연의 법칙에 위배되는 것이다. 에디슨은 9세에 당시의 주입식 교육에 적응을 하지 못해 학교에서 나와야만 했다. 하지만 그는 자기 분야에서 지구상 최고의 창의적 발명을 이루어냈다. 그렇게 아이들은 야망을 크게 품고 에디슨처럼 노력해야 한다.

07 / 주입식 교육은 지금 당장 멈춰라

/ 너 자신을 사랑하라 /

하루는 어린이집 선생님께서 아이의 손을 잡고 집으로 찾아왔다. 그런 일은 처음이라서 적지 않게 놀랐다. 사연인즉 아이가 어린이집 운행버스에서 창문을 열고 뛰어 내렸다는 것이다. 선생님은 왜 그랬는지 아이가 말을 하지 않아서 원인을 모르겠다고 했다. 오직 집에 가고 싶다는 말만 반복했다는 것이다. 그러니 큰 죄라도 진 것처럼 머리를 조아리며 몹시 송구스러워했다. 어린이집 입장에서는 원생이 버스에서 뛰어 내렸으니 그럴 만도 했다. 나는 아이의 돌발 행동이 겪어보지 못한 의외의 일이라서 선생님을 안심시키고 정중하게 배웅을 했다. 아이를 꼭 안고서 오늘 무슨 일이 있었냐고 물었다.

"아빠, 저는 어린이집이 갑갑하고 싫어요."

내 아이의 창의력을 키우는 비법

나는 문득 청소년 문화센터에서 운영하는 아기스포츠단이 생각났다.

"그러면 아기스포츠단을 보내줄까?"

아이는 그제야 얼굴에 희색이 돌며 좋아했다. 아이들이 무엇을 배우기 시작할 때는 시기와 동기 부여가 중요하다. 아이는 일 년을 아기스포츠단에서 신나게 뛰고 구르더니 유치원을 가고 싶다고 했다. 이제 글을 배우고 싶단다. 내 아이는 그렇게 학업을 시작했다.

방탄소년단의 리더, RM 김남준은 2018년 유엔 총회 연설에서 9~10세 정도에 그의 심장이 멈췄다고 고백했다. 물론 그가 말한 심장은 물리적 심장이 아니라 여러 가지가 내포된 감성적 심장이다. 이날 7분가량 영어로 연설한 RM은 전 세계의 젊은이들에게 희망과 용기를 주었다. 그는 BTS의 앨범 제목 "Love Yourself(너 자신을 사랑하라)"를 주제로 연설했다. 이들의 연설문을 살펴보자.

"제 이름은 김남준이며 RM으로 알려져 있고, 방탄소년단의 리더입니다. (중략) 저는 저 자신에 대해 이야기하는 것으로 시작하고 싶습니다. 서울 근처에 있는 일산이라는 도시에서 태어났습니다. 강과 언덕과 매년 열리는 페스티벌까지 있는 정말 아름다운 곳입니다. 저는 그곳에서 정말 행복한 어린 시절을 보냈고 평범한 소년이었습니다. 밤하늘을 올려다보곤 했고, 세상을 구하는 상상을 하기도 했습니다.

저희의 초기 앨범 인트로 중에 9~10세 정도에 제 심장이 멈췄다는 가사가 있습니다. 돌이켜보니 그때가 다른 사람들이 저를 어떻게 보는지 인식하고, 그들의 눈을 통해 저 자신을 보기 시작했던 때였던 것 같습니다. 밤하늘과 별을 바라보는 것을 멈췄고, 꿈꾸는 것을 멈췄습니다. 대신에 다른 사람들이 만드는 시선에 저 스스로를 가뒀습니다. 이어 저는 나 자신의 목소리를 내는 것을 멈췄고, 다른 사람들의 목소리를 듣기 시작했습니다. 누구도 제 이름을 불러주지 않았고, 저조차도 제 이름을 부르지 않았습니다. 제 심장은 멈췄고, 제 눈은 감겼습니다. 이런 것들이 우리와 다른 사람들에게 일어나고 있습니다. 우리는 유령이 됐습니다.

이때 음악이 작은 소리로 '일어나서 너 자신의 목소리를 들어.'라고 이야기했습니다. 하지만 음악이 저의 진짜 이름을 부르는 소릴 듣기까지 꽤 오랜 시간이 걸렸습니다. (중략)

어제 저는 실수를 했을지도 모릅니다. 하지만 어제의 저도 여전히 저입니다. 오늘의 저는 과거의 실수들이 모여서 만들어졌습니다. 내일, 저는 지금보다 조금 더 현명할지도 모릅니다. 이 또한 저입니다. 그 실수들은 제가 누구인지를 얘기해주며, 제 인생의 우주를 가장 밝게 빛내는 별자리입니다. 내가

내 아이의 창의력을 키우는 비법

누구인지, 내가 누구였는지, 내가 누구이고 싶은지를 모두 포함해 나를 사랑하세요. (중략)

모두에게 묻고 싶습니다. 여러분의 이름은 무엇인가요? 여러분의 심장을 뛰게 하는 것은 무엇인가요? 여러분의 이야기를 들려주세요. 여러분의 목소리와 신념을 듣고 싶습니다. 여러분이 누구인지, 어디에서 왔는지, 피부색은 무엇인지, 성 정체성은 무엇인지, 스스로에게 말하세요. 스스로에게 이야기하면서 여러분의 이름을 찾고, 여러분의 목소리를 찾으세요.

저는 김남준이고, 방탄소년단의 RM이기도 합니다. 저는 아이돌이며, 한국의 작은 마을에서 온 아티스트입니다. 많은 사람처럼 저는 인생에서 수많은 실수를 저질렀습니다. 저는 많은 단점을 가지고 있고, 더 많은 두려움도 가지고 있습니다. 하지만 저는 제가 할 수 있는 만큼 저 자신을 북돋고 있습니다. 조금씩 더 스스로를 사랑하고 있습니다. 여러분의 이름은 무엇인가요? 스스로에게 이야기하세요. 감사합니다."

세계 정상들이 모인 자리에서 그들은 당당하게 '자신의 이름을 찾고 자신의 목소리를 찾으라.'고 한다. 이 얼마나 자랑스럽고 사랑스럽고 멋진 외침인가? 랩, 보컬, 춤에 탁월한 능력을 지닌 BTS는 대한민국보다 전 세계에 더 많은 팬들을 확보하고 있다. 이들의 그룹 이름 '방탄소년단'에서 '방탄'은 총알을 막아낸다는 뜻이다. 즉, 젊은 세대들이 살아가면서 겪는 고난, 사회적 고정관념과 편견, 억압을 받는 것을 막아낸다는 의미가 내포되어 있다. 그들의 팬클럽 아미(ARMY)는 그들의 메시지에 열광한다. BTS는 젊은 세대들이 느끼는 갑갑함을 대변하고, 방탄으로 무장해 젊은이들의 내부와 외부로부터 오는 적을 방어한다. 세계를 열광케 하는 방탄소년단은 전 세계 약 2,000만 장의 음반 판매량을 기록하고, 대한민국 역대 최다 음반 판매량을 기록한 그룹이 되었다. 최초와 최다의 수식이 따라다니는 BTS가 기록한 수많은 업적들 중에 몇 가지만 살펴본다.

2017년 「DNA」로 빌보드 핫 100에 처음으로 진입했다.

2018년 「LOVE YOURSELF 轉 'Tear'」가 빌보드 200, 1위를 기록했다.

최초로 빌보드 200, 1위를 차지한 대한민국의 음악 그룹이 되었다.

2018년 「FAKE LOVE」는 빌보드 핫 100, 10위에 진입했다.

빌보드 핫 100, 10위권에 진입한 대한민국의 최초 음악 그룹이 되었다.

2018년 「LOVE YOURSELF 結 'Answer'」는 빌보드 200, 1위를 기록했다.

2018년 「IDOL〉이 빌보드 핫 100, 11위에 진입했다.

2019년 「MAP OF THE SOUL: PERSONA」는 빌보드 200, 1위를 기록했다.

2019년 대한민국 최다 음반 판매량을 기록했다.

2019년 「작은 것들을 위한 시」는 빌보드 핫 100, 8위에 진입하였다.

2020년 「MAP OF THE SOUL: 7」은 빌보드 200, 1위를 기록했다.

내 아이의 창의력을 키우는 비법

/ 자신의 이름을 찾고, 자신의 목소리를 찾으라 /

"얌마, 네 꿈은 뭐니? 꿈 따위 안 꿔도 아무도 뭐라 안 하잖아. 전부 다 똑같이 나처럼 생각하고 있어. 새까맣게 까먹은 꿈 많던 어린 시절. 네가 꿈꿔온 네 모습이 뭐여? 지금 네 거울 속엔 누가 보여? 너의 길을 가라고. 단 하루를 살아도. 뭐라도 하라고. 나약함은 담아둬. 왜 말 못 하고 있어 공부는 하기 싫다면서 학교 때려치우기는 겁나지? 어른들과 부모님은 틀에 박힌 꿈을 주입해. 장래 희망 넘버원 공무원. 강요된 꿈은 아냐. 9회 말 구원투수. 시간 낭비인 야자에 돌직구를 날려. 네 꿈의 profile 억압만 받던 인생. 네 삶의 주어가 되어봐. 너의 길을 가라고. 단 하루를 살아도. 뭐라도 하라고. 나약함은 담아둬. 살아가는 법을 몰라. 날아가는 법을 몰라. 결정하는 법을 몰라. 이젠 꿈꾸는 법도 몰라. 눈을 떠라. 다 이제 춤을 춰봐. 자 다시 꿈을 꿔봐. 다 너 꾸물대지 마. 우물쭈물대지 마 what's up. 네 꿈이 뭐니. 네 꿈이 뭐니 뭐니. La la la la la 고작 이거니. 고작 이거니 거니. To all the youth without dream."

"To all the youth without dream. 꿈이 없는 모든 젊은이에게"

방탄소년단의 노래 'No More Dream'의 가사다. 방탄소년단은 꿈이 없는 모든 젊은이에게 용기와 희망, 꿈을 가지라고 노래한다. 이들은 획일화된 교육을 받아 기존의 틀 속으로 들어가는 친구들에게 눈을 뜨라고 한다.

"살아가는 법을 몰라. 날아가는 법을 몰라. 결정하는 법을 몰라. 이젠 꿈꾸는 법도 몰라. 눈을 떠라. 다 이제 춤을 춰봐. 자 다시 꿈을 꿔봐. 다 너 꾸물대지 마. 우물쭈물대지 마."

나는 이들의 노래가 지금의 학교 교육에 대한 질타로 들린다. 우리나라뿐만 아니라 세계의 교육은 변해야 한다. 우리나라의 주입식 교육은 지금 당장 멈춰야 한다.

PART 3 /

아이의
창의력을 키워주는
부모의 대화법

01 / 아이의 호기심이 창의력을 키운다

/ 판도라의 상자는 호기심으로 열었다 /

인류 문명의 눈부신 발전은 호기심으로부터 시작됐다고 해도 과언이 아니다. 미지의 상태에서 새로운 세계를 알고자 하는 것 자체가 호기심의 발로이다. 판도라의 상자가 호기심에 의해 열렸다. 에덴의 동산에서 금지된 사과는 호기심에 의해 인간의 몫이 되었다. 만약 금단의 열매를 굳게 지켰다면 인간은 부끄러움도 없었을 것이고 성욕도 없었을 것이다. 성경의 해석이 신화적인지 역사적 사실인지를 떠나서 내게 보이는 것은 호기심의 위대함이다. 발전기의 점화 플러그에 해당하는 게 호기심이다. 형광등에 초크 전구가 빠지면 불을 못 켜는 것처럼 호기심이 없었다면 인류는 문명을 밝히지 못했을 것이다. 호기심이 없는 사람은 한물간 사람이거나 위대한 깨달음을 얻은 사람일 것이다.

유럽의 인본주의 시대를 연 르네상스의 대표 인물 레오나르도 다 빈치에게 창의적 천재라는 수식어를 붙이는 데 이견을 달 사람은 없을 것이다. 르네상스 이전의 신본주의는 하늘이 준 대로 순명하는 것이 정의였고, 호기심은 제2의 선악과를 범하는 중죄에 해당했다. 그랬던 세상에서 그는 이탈리아 르네상스를 대표하는 근대적 인간의 전형이었다. 그의 호기심 영역을 들여다보자. 그는 화가이자 조각가, 건축가, 도시계획가, 발명가, 기술자, 천문학자, 지리학자, 해부학자, 식물학자, 음악가였다. 그는 어려서부터 인상 깊은 것들, 관찰한 것들, 생각의 포착 등을 즉시 스케치했다. 끊임없는 호기심으로 예술, 인문, 과학, 물리학, 광학, 군사학, 기술의 경계를 넘나든 창조적인 천재였다. 그는 알려진 것처럼 예술로 인본주의를 꽃피운 르네상스 시대의 대표적 인물이었다.

"창의성이 발생하는 곳은 예술과 기술의 교차점이다. 이를 보여준 궁극의 인물이 레오나르도 다빈치다."

애플의 창업주 스티브 잡스가 신제품을 내놓을 때마다 한 말이다. 잡스는 애플의 모든 제품을 디자인과 편리성에 포커스를 맞춘 것은 다빈치를 롤 모델로 하기 때문이라고 나는 분석한다. 다빈치는 회화, 조각 등 미술에서의 능력뿐만 아니라 하늘을 나는 비행기를 포함해 많은 과학적, 기술적 도구를 상상하고 그렸다. 심지어 자신이 쓰는 노트마저 글자의 좌우를 반전해서 쓰

내 아이의 창의력을 키우는 비법

는 '거울 쓰기' 방식으로 써서 비밀스럽게 보관할 정도로 독특한 생각을 가졌던 인물이다. 잡스는 여러 예술가 중 왜 다빈치였을까? 다빈치가 잡스뿐 아니라 많은 이들에게 기억되고 사랑받는 이유는 무엇일까?

르네상스 시대는 '인간이 가진 고유 능력'을 중시한 시기였다. 인간의 창의성을 높이 평가했던 이탈리아 피렌체의 메디치 가문과 많은 후원가들 덕분에 당시 예술가들은 창조적인 작품을 남길 수 있었다. 이런 풍요로운 환경 덕분에 다빈치가 다방면에서 창의적인 능력을 발휘할 수 있었다. 다빈치의 성공 비결은 남다른 호기심에 있다. 그는 의문이 풀릴 때까지 끈질기게 관찰하고 탐구했다고 한다. 그는 대상을 볼 때 평면과 입체를 아우르는 시각으로 관찰했다. 그가 회화의 원근법 이론을 정립할 수 있었던 것도 이러한 호기심의 결과다.

다빈치가 위대한 이유는 르네상스 시대에 인본주의 사상을 예술과 과학으로 구현했기 때문이다. 인본주의는 인간을 세계의 중심에 갖다놓은 사상이다. 시신을 수차례나 해부한 것으로 알려진 다빈치는 인체 해부학 그림을 여러 점 남겼다. 그의 대표작 중에서 비트루비우스적 인간(Vitruvian Man) 또는 인체 비례도(Canon of Proportions)라고도 불리는 소묘 작품을 남겼다. 기원전 1세기 로마군 장교 비트루비우스 책 '건축 10서(De architectura)' 3장 신전 건축 편에 나오는 이상적 신체 비율에 자신의 해부학적 연구결과를 결합해

구현한 작품이다. '인체에 적용되는 비례의 규칙을 신전 건축에 사용해야 한다'고 쓴 대목을 읽고 그렸다고 전해진다. 원문을 옮기면서 고대의 인체 비례론을 그대로 받아들이지 않고, 해부학을 바탕으로 해서 실제로 사람을 데려다 눈금자를 들이대면서 측정한 결과를 글로 적어두었다고 한다. 또한 인체 해부를 통해 얻은 지식을 그의 명작 「모나리자」를 그리는 데 적용했다.

스티브 잡스의 전기를 쓴 월터 아이작슨은 CNN의 CEO와 타임지의 편집장을 맡고 있다. 그는 벤저민 프랭클린과 알베르트 아인슈타인의 전기를 저술해서 베스트셀러가 되기도 했다. 그가 쓴 잡스의 전기가 2015년 영화화되어 〈스티브 잡스〉 제목으로 상영되었다.

아이작슨이 쓴 『레오나르도 다빈치』에서 그는 다빈치의 천재성의 원천을 간단하게 요약한다. "다빈치의 끊임없는 호기심이 그의 창의성의 원천이다." 그리고 "다빈치처럼 경계에 갇히지 말고 상상을 즐겨라."였다. 다빈치의 수많은 과학적 상상력은 그의 노트에 남아 있다.

이 노트엔 세계 최초로 자동차와 헬리콥터, 낙하산, 잠수함, 장갑차의 개념도까지 그려져 있을 정도이다. 그의 노트에 이러한 내용을 적은 건 500년 전의 일이다. 그의 호기심과 상상력은 가히 다른 이의 추종을 불허한다.

내 아이의 창의력을 키우는 비법

/ 호기심 가득한 모험을 떠나라 /

"세상엔 희한한 물고기들이 있단다. 특별히 강하거나 빠르지 않은데 절대 잡히지 않는 녀석들이다." - 영화 〈빅 피쉬〉

호기심 많은 시골 청년의 모험을 그린 영화 〈빅 피쉬〉를 소개한다. 참으로 아름다운 영화다. 영화 〈빅 피쉬〉는 2003년에 개봉된 팀 버튼 감독의 작품이다. 스토리는 강이 많아 수량이 풍부한 미국 앨라배마(Alabama)를 배경으로 전개된다. 〈빅 피쉬〉의 작가 다니엘 월리스(Daniel Wallace)는 1959년 앨라배마에서 태어났다. 그는 어린 시절을 고향 앨라배마에서 보냈고, 그 추억을 배경으로 글을 써 1998년 〈빅 피쉬〉의 원작 소설 「A Novel of Mythic Proportions」을 발표했다.

앨라배마의 강마을에는 수많은 물줄기만큼 온갖 이야기가 전해진다. 강의 요정 이야기, 늪에 사는 외눈박이 마녀 이야기, 사람 잡아먹는 거인 이야기, 강 건너 유령마을 이야기, 늑대인간 이야기 등 이런 이야기들이 해 저문 강가에 모닥불이 타는 소리와 함께 영화 속에서 두런두런 살아난다.

주인공 이름 에드워드 블룸(Edward Bloom)을 우리 식으로 다시 작명을 해보았다. 'Bloom'은 봄에 피어나는 꽃봉오리다. 'Edward'는 춘식이, 춘일이쯤이다. 호기심 많은 우리의 춘식이 '에드워드'는 강이 많은 앨라배마 시골 마을에서 촉망받는 청년이다. 우리 속담 '사람은 성공하려면 큰물에서 놀아야 한다'는 말처럼 에드워드라는 물고기는 큰물로 떠난다. 온갖 모험을 하고 연어처럼 고향으로 회귀하는 한 마리 물고기 이야기다.

호기심 가득한 순수 영혼의 춘식이는 거인과 함께 마을을 떠나 세상으로 나선다. 젊은 날 우리 인생처럼 고향을 떠나 도시로 가서 공부하고 일하고 인연 맺는 그러한 여정을, 강마을의 전설을 동화처럼 살려냈다. 그는 여정 속에서 온갖 사람을 만나고 경험을 한다. 유령마을, 늑대인간, 쌍두인간, 괴짜 시인, 난쟁이, 전쟁, 그리고 돈벌이.

아이의 호기심은 창의력을 키운다. 레오나르도 다빈치가 그러했다. 다빈치를 가장 사랑했던 애플의 스티브 잡스가 그러했다. 우리 아이들은 영화 〈빅 피쉬〉의 주인공 에드워드처럼 호기심 가득한 모험을 떠나야 한다. 우리 아이들은 어느 한 곳에 안주하지 않고 끝없이 자유로우면 좋겠다.

"특별히 강하거나 빠르지 않은데 절대 잡히지 않는 녀석들이다."

내 아이의 창의력을 키우는 비법

02 / 아이의 창의력은
공감과 칭찬으로 높아진다

/ 아이의 엉뚱함은 변화의 속도에 적합하다 /

"냉동실에 눈덩이를 넣어놨구나."

"내년 여름까지 넣어두고 보려 해요."

"아빠가 어릴 때부터 해보고 싶었던 것을 아들이 했네."

"눈사람을 넣으려 했는데요. 부피가 너무 커서 못 넣었어요."

"눈사람은 냉동실이 스위트 홈이겠다, 그치."

"눈사람 한 사람만 넣어두면 외롭잖아요. 그래서 눈덩이만 넣었어요."

"그렇게 깊은 뜻이 있었네. 작은 눈사람을 짝 지워서 넣어두는 것도 좋겠
다."

아이가 냉동실에 어른 주먹만 한 눈덩이를 넣어두었다. 평소에 나의 상상

을 초월하는 말과 행동을 하는 아이여서 꼭 다시 물어본다. 눈사람이 외로울까 봐 눈덩이만 넣어 두었다는 말이 내가 생각지도 못한 말이었다. 가슴이 따뜻한 아이가 사랑스러워 내 가슴이 훈훈했다. 아이들은 자기가 한 행동에 대해 부모가 어떻게 반응하는지에 따라 영향을 받는다. 공감과 칭찬을 받으면 자존감뿐 아니라 창의력이 부쩍 올라간다. 사랑과 자존감의 토대 위에서 창의력은 자유롭게 자란다.

반면 꾸중과 핀잔을 받으면 창의적인 발상임에도 불구하고 잘못된 것으로 인식하고 어른들의 사고를 답습하고 만다. 우리는 아이들의 엉뚱한 생각과 행동에 대해서 우려를 하지 않아도 된다. 오히려 그것을 대화의 소재로 삼아서 아이와 함께하는 시간을 가져야 한다. 바쁜 사회 활동을 하면서 아이와 대화 시간을 만들기가 좀처럼 쉽지 않다. 대화 시간을 만들었더라도 대화 소재가 빈궁할 때가 있다. 아이의 이런 발상들을 '왜? 어떻게? 그래서? 그랬구나? 대단한데? 그럴 수도 있겠네, 아빠는 그렇게 생각을 못해봤는걸…' 이렇게 공감을 하고 칭찬을 해야 한다. 그러면 아이는 실패를 두려워하지 않고 자신이 생각한 것을 용기 있게 실행한다. 현재는 과거의 실패를 밟고 탄생한 역사적 산물이다. 기성세대는 우리가 당면한 이 시대의 변화 속도를 따라가지 못한다. 아침에 눈을 뜨면 새로운 것이 탄생한다. 아이들의 엉뚱한 사고는 이러한 변화의 속도에 적합한 사고를 하는 것이다.

내 아이의 창의력을 키우는 비법

/ 아이들 앞에 서서 빛을 가리지 말라 /

"For the loser now will be later to win, for the times are a-changin."

"오늘의 패자가 내일의 승자가 될 거야, 시대가 변하고 있으니까."

1984년 애플의 매킨토시 발표회에서 스티브 잡스가 인용한 밥 딜런의 노래 「The Times They Are A-Changin」 가사 중 일부다. 애플은 세상에서 가장 창의적인 기업이라고 불린다. 밥 딜런의 노래에서 볼 수 있듯이 지금 실패를 하더라도 미래의 승자가 되기 위해 새로운 것을 시도한다는 것 자체를 응원해야 한다. 실패를 거듭하면서 창조를 이루어낸 애플의 정신이 고스란히 담겨 있다.

딜런의 가사는 정치, 사회, 철학, 문학 등 넓은 범위를 아우른다. 음악가로서 딜런은 1억 장 넘게 음반을 팔아 역대 가장 많은 음반을 판 아티스트 중 한 사람이다. 7번의 그래미상, 한 번의 골든 글로브상, 한 번의 아카데미상을 받았다. 그는 로큰롤 명예의 전당, 미네소타 음악 명예의 전당, 내슈빌 명예의 전당, 작곡가 명예의 전당에 헌액되었다. 2008년 퓰리처상 심사위원들은 "노래 가사의 비범한 시적 힘이 아로새긴 대중음악 및 미국 문화에서의 깊은 영향"을 인정해 딜런에게 특별 표창을 했다. 그는 2012년 5월 전, 대통령 버락 오바마에게 대통령 자유 훈장을 수여받는다. 그는 2016년 '위대한 미국의 전통 노래에서 새로운 시적 표현을 창조한' 공로로 노벨문학상을 수여받 았다.

"내 롤 모델 중 한 사람은 밥 딜런입니다. 나는 자라면서 그의 노래 가사를 전부 외웠고, 그가 쉬지 않고 활동을 하는 모습을 지켜봤어요. 정말 뛰어난 예술가에게는 창작 활동을 평생 할 수 있게 되는 순간이 반드시 찾아옵니 다. 겉으로는 그들이 성공한 것처럼 보일지 몰라도 그들 자신이 생각할 때 꼭 그렇지만은 않습니다. 예술가에게는 그 순간이 바로 자신이 누구인가를 결 정하는 순간입니다. 계속 실패의 위험을 무릅쓰기로 한다면 그들은 여전히 아티스트입니다. 밥 딜런이나 피카소는 언제나 실패를 두려워하지 않았습니 다. 애플에서 내 시도도 이와 비슷합니다. 나 역시 실패를 원하지 않습니다. 정말 좋지 않은 상황인 줄 알면서도 '좋습니다.'라고 승낙하기까지 많이 고민 했습니다. 픽사에 어떤 영향을 끼칠지, 우리 가족과 내 명성에 어떤 영향을 끼칠지 고려해야 했습니다. 하지만 내가 정말 하고 싶었던 일이기에 이런 것 들은 그리 중요하지 않다는 결론을 내렸습니다. 내가 최선을 다했는데도 실 패했다면 그래도 최소한 노력은 했으니 괜찮습니다."

스티브 잡스가 1998년 11월 〈포춘〉지와의 인터뷰에서 남긴 말이다. 그는 실패를 두려워하지 않고 새로운 것을 시도했다. 그리고 세상을 변화시켰다. 나는 아이들의 빛나는 창의성 대목에서 역사적 일화를 말한다. 알렉산더 대왕이 인도 정복을 위해 가는 길에 디오게네스를 만났다. 디오게네스는 강둑의 모래 위에 비스듬히 누워서 일광욕을 즐기고 있었다. 알렉산더 대왕은 발걸음을 멈추고 말을 건넸다.

"당신을 위해 뭔가 해드리고 싶습니다. 뭘 해드리면 좋겠소?"

디오게네스가 말하기를, "대왕께서 햇빛을 가리고 계시니 조금만 옆으로 비켜서 주셨으면 합니다. 내가 원하는 것은 그뿐입니다."라고 했다.

이 유명한 대화를 두고 후세의 역사가와 사상가들은 많은 해석을 한다. 내가 생각하는 그들의 대화 속에서 나는 아이들의 창의적인 생각을 막고 있는 어른들의 모습이 보인다. 앞에서 걸리적거리지 말라는 얘기다. 디오게네스의 햇살을 가리는 알렉산더처럼 우리는 아이의 찬란한 빛을 막고 있지는 않은지? 우리가 우선 할 수 있는 일은 창의적인 아이들 앞에 서서 빛을 가리지 않는 것이다.

나는 부모들에게 이렇게 조언하고 싶다. 아이와 어떠한 형태로든 대화의 시간을 가져라. 아이들의 생각이 엉뚱할수록 공감하고 칭찬하라. 아이의 생각을 존중하고 '왜? 어떻게?'라고 질문하라. 아이의 생각에 '그랬구나. 대단한 걸?' 이렇게 공감하고 칭찬하라.

세상은 머뭇거리는 사람에게 기회의 문을 열어주지 않는다. 공감과 칭찬으로 자란 아이는 머뭇거리지 않는다. 창의적인 사고가 쉴 새 없이 생겨나기 때문에 머뭇거릴 시간이 없다. 그 속도에 브레이크를 거는 어른이 되어서는 안 된다. 그들은 이미 미래를 열어가기 위해 창발적 사고를 탑재하고 나온 아이들이다.

세계 최대의 온라인 쇼핑 플랫폼 알리바바를 창업한 마윈은 "젊은 세대를 믿는 것이 미래를 믿는 것"이라고 이야기한다. 나는 마윈의 이 말에 100% 공감한다. '자식은 아버지의 뒷모습을 보고 자란다.'라는 속담이 있다. 이제 이 속담이 바뀔 때가 되었다. 자신을 바꿀 자신이 없으면 적어도 그들의 미래를 믿고 햇빛을 가리지는 말아야 한다.

내 아이의 창의력을 키우는 비법

03 / **질문 많은 아이, 호기심 많은 아빠**

/ 판도라의 상자에 남은 것은 희망이었다 /

"바닷가 사람들은 갈매기가 저리 많은데 왜 잡아먹지 않을까?"

나는 산이 둘러쳐진 시골 마을에서 나고 자랐다. 봄부터 겨울까지 산과 들이 놀이터였다. 시골에서는 과자며 사탕 같은 주전부리 거리가 드물어 산천을 쏘다니며 머루며 다래, 꿩이나 토끼, 참새를 잡아서 구워 먹는 게 일이었다. 그때는 왕성하게 자랄 나이여서 무엇이든지 먹자마자 소화가 되어 돌아서면 배가 고팠다. 친구들과 몰려다니며 물가에서는 고기를 잡아먹고, 산과 들에서는 찔레를 꺾어 먹고 온갖 열매를 따 먹었다. 개울에서는 가재와 개구리나 뱀을 잡아 구워 먹었다. 바다를 처음 본 것이 중학교 수학여행 때였다. 해운대 바닷가에 도착하자마자 바다로 달려가서 바닷물을 두 손으로 물을 떠서 마셨다. 소금 타지 않은 물이 짜다는 것을 온몸으로 알았다. 아이에게 이런 이야기를 들려주면 눈을 반짝거리며 신기한 듯이 듣는다.

아이를 데리고 사냥과 작살을 좋아하는 친구와 바닷가를 갔다. 어린 시절의 습성으로 수렵을 즐기던 시절이었다. 강에서만 놀던 민물 촌놈이 바다를 만나니 가슴이 탁 트였다. 바닷속이 궁금하여 친구와 한동안 바닷속을 쑤시고 다녔다. 그날도 물질을 하고 나왔는데 갈매기가 유난히 많이 날았다. 친구에게 갈매기는 무슨 맛이냐고 물어봤다.

"바닷가 사람들은 저 많은 갈매기를 식용으로 하면 좋을 텐데 왜 먹지 않지?"

친구는 갈매기는 먹어보지 않았고 한 번도 잡아먹을 생각을 해보지 않아서 모르겠다고 했다. 나는 진짜 궁금했다. 닭처럼 조류라서 몸에 해는 없을 것이고, 바닷가나 바위에 떼로 앉아 있는 갈매기를 왜 먹지 않을까?

친구는 나의 호기심에 충동되어 당장 실행했다. 엽사로 총기 소지 허가증이 있는 친구는 차 트렁크에서 총을 꺼내 와 갈매기 2마리를 잡았다. 공중에서 바람을 맞아 날개를 펴고 정지해 떠 있는 갈매기는 잡기가 쉬웠다. 사람을 두려워하지 않는 갈매기를 보니 오랫동안 사람은 자신들의 위협 대상이

내 아이의 창의력을 키우는 비법

아니라고 인식되었나 보다. 껍질을 벗겨보니 몸체는 자그마했다. 우리는 한 마리씩 나눠서 집으로 돌아왔다. 솥에다 백숙 끓이듯이 밤, 대추, 대파, 양파, 마늘을 넣고 푹 고았다. 아이는 옆에서 입맛을 쩍쩍 다시면서 기대에 부풀어 있었다. 평소 닭고기를 제일 좋아해 자기는 닭에게 감사한 마음을 가지고 있다는 아이다. 아이의 하는 짓을 보면 부전자전이란 말은 만고불변의 진리라는 것을 깨닫는다. 검은콩은 100년이 지나도 검은콩을 수확하지 않던가. 아내는 둘의 이런 모습을 보며 '또 재미있는 뭔가를 찾아서 열심이구나.'라고 생각한다.

생고무 씹는 맛이었다. 아예 씹히지가 않았다. 나는 고기가 그렇게 질긴 것은 처음 씹어봤다. 아이도 씹다가 뱉어버렸다. 먹어본 고기가 포유류, 조류, 해산물, 파충류, 곤충까지 다양했지만 갈매기 맛은 쇼킹이었다. 국물이 아까워 밥을 말아 먹었다. 아빠의 호기심으로 시작한 갈매기 고기는 분리수거 통으로 가고 말았다. 아이는 그래도 재미있는지 싱글벙글하며 말했다. "그래서 사람들이 갈매기를 잡아먹지 않는구나. 이렇게 질기지 않다면 바닷가에 갈매기들은 남아나지 않을 것 같아요."

나는 호기심에 관련된 역사적 사실이나 신화에 관심이 많다. 호기심을 다룬 오래된 이야기 중에서 성경에 나오는 에덴동산의 애플 사건과 그리스 신화에 나오는 판도라의 상자가 있다.

"'판도라'라는 이름은 그리스어로 '모든 선물을 받은 여자'라는 뜻을 가지고 있다고 한다. 제우스는 프로메테우스가 자신의 뜻을 거역하고 인간들에게 불을 훔쳐다 주자 그 대가로 인간들에게 재앙을 내리기로 하였다.

그는 헤파이스토스(기술자, 대장장이)에게 여신처럼 아름다운 여자를 만들라고 명령하였다. 헤파이스토스가 여자를 빚어내어 '판도라'라고 이름을 붙였다. 다른 신들은 제우스의 명령에 따라 저마다 여자에게 선물을 주거나 자기가 지닌 재능을 불어넣었다. 프로메테우스는 단박에 판도라가 겉보기엔 너무나 아름답고 훌륭하지만 마음속에는 거짓을 품고 있음을 알아차렸다. 하지만, 에피메테우스는 그녀의 아름다움에 반하여 그녀를 아내로 맞이하였다.

이때, 제우스는 그들 부부에게 결혼 선물로 상자 하나를 주었다. '이 상자를 받아서 안전한 곳에 고이 간직하라. 하지만 어떠한 일이 있어도 이것을 열어보면 안 된다.'라고 말하였다. 에피메테우스는 사랑에 흠뻑 빠진 나머지 제우스가 주는 선물을 받지 말라는 프로메테우스의 경고를 잊고 상자를 받아 집 한구석에 숨겨두었다.

행복한 나날을 보내던 중, 판도라는 상자 속에 무엇이 있는지 궁금하였고 에피메테우스를 졸랐다. 그러나, 에피메테우스는 제우스의 말을 거역할 수는 없다며 완고하게 거절하였다. 그럼에도 판도라는 에피메테우스가 나가고 없는 사이에 상자를 열었다. 상자를 열자 증오, 질투, 잔인성, 분노, 굶주림, 가난, 고통, 질병, 노화 등 장차 인간이 겪게 될 온갖 재앙이 쏟아져 나왔다고

내 아이의 창의력을 키우는 비법

한다. 마지막, 상자에 남은 것은 '희망'이었다. 그 뒤로, 인간들은 갖가지 불행에 시달리면서도 희망만은 고이고이 간직하게 되었다고 한다."

- 『베르나르 베르베르의 상상력 사전』

성경이나 신화는 많은 비의(秘意)를 담고 있다. '비의'는 숨겨진 뜻이 있다는 말이다. 우리는 신화를 사실로 받아들이지 않는다. 하지만 오랫동안 사라지지 않고 전해져 오는 건 그 속에 심오한 무엇을 내포하고 있기 때문이다. 나는 스티브 잡스의 로고, 한 입 베어 먹은 사과는 성경의 에덴동산의 도발인 혁신으로 해석한다. 판도라의 상자는 호기심으로 열었는데 모두 날아가고 희망만 남았다고 한다. 나는 호기심을 곧 희망으로 해석한다.

/ 호기심이 많은 아이는 질문이 끊어지지 않는다 /

"아빠, 잠은 왜 오는 거예요? 졸릴 때는 참기 어려워요. 아무리 눈을 뜨려해도 안 떠져요."

"잠이 왜 오는지 선생님께 여쭤보니까. 그냥 웃기만 해요."

"선생님이 대답도 안 하시고 왜 웃었을까요?"

"글쎄 쉬운 질문인 것 같지만 답하기 곤란하셨을 것이다."

"너처럼 잠이 왜 올지를 궁금해하는 사람은 드물거든."

인간은 자연의 일부이고 자연법칙에 순응하며 살아간다. 동서양 철학에서 만물의 근원을 물이라고 한다. 물이 주체가 되어서 분산과 응결을 반복하면서 생명을 기르고 거두고를 반복하며 순환한다. 아침이면 태양이 떠올라 물을 일으키는 것이 잠에서 깨는 것이다. 밤이면 달이 떠올라 물을 응결시키는 것이 잠이다. 그 법칙을 피할 수 없으니 우리는 밤이면 잠이 오는 것이다. 쉽게 얘기를 하자면, '물이 일어났다, 앉았다.'를 반복하는 것이다. 봄에 새싹이 돋아나는 것은 물이 일어나는 것이고, 가을에 낙엽이 지는 것은 물이 앉는 거라고 할 수 있다. 하루도, 일년도, 사람의 일생도 물의 변화라고 할 수 있다. 아이는 조용히 듣다가 또 묻는다.

"안 자면 안 돼요?"

"사람도 자연의 일부이기 때문에 한 번 일어나고 한 번 앉는 자연법칙에 따라서 잠을 자고 깨는 건데, 만약 그 법칙을 어기면 벌을 받아. 병이 생긴다는 뜻이지. 너처럼 잘 자는 아이는 자연법칙을 잘 지키는 것이니까 병이 없는 거고, 잠을 안 자면 몸속의 물이 과부하가 걸려서 부글부글 끓어 균형이 깨지거든"

"어쩔 수 없는 거네요."

"세상에서 가장 무거운 것이 눈꺼풀이다. 달이 잡아당기는데 무슨 힘으로 버티겠어? 아무리 힘이 센 사람도 잠을 이길 수는 없다."

내 아이의 창의력을 키우는 비법

호기심이 많은 아이는 질문이 끊어지지 않는다. 호기심이 많다는 것은 판도라의 상자로 접근하면 희망이 많다는 뜻이다. 우리는 일상 속에서 왜 잠이 오는지 생각하기가 쉽지 않다. 그냥 반복되는 생체 리듬으로만 여길 뿐이다. 나는 아이의 모든 질문마다 정답을 내리는 것이 아니다. 그저 나의 생각을 얘기할 뿐이다. 그리고 다른 답도 있을 수 있다는 것을 열어놓는다. 모르는 것은 모른다고, 아는 것은 아는 대로 얘기한다. 대화로 아이의 희망을 북돋우는 것이다.

04 / 대화만 잘해도
아이의 창의력은 깨어난다

/ 아이와의 대화는 갑자기 되는 게 아니다 /

"아빠, ○○이는 얼굴은 예쁜데 사람을 너무 귀찮게 하고 잘 삐져서 피곤해요."

"여자는 남자와 달라서 원래 그런 성향이 있다. 그래도 ○○이 예쁘잖아."

"문자 계속 오는데 답장 안 하면 울고 삐지고 그랬어요. 그래서 헤어졌어요."

"그런 일이 있었구나. 헤어지자고 어떻게 말했는데?"

"그냥 그만 만나자고 했어요."

"아무 말 안 하고 울기만 했어요."

"○○이 맘 많이 아팠겠다."

내 아이의 창의력을 키우는 비법

"저도 가슴이 찢어지는 것 같았어요."

"다 좋았는데 너무 귀찮게 해서 그랬어요. 하루 종일 전화기 붙들고 살아야 되잖아요."

아들의 연애 상담이었다. 아이의 여자 친구가 전교에서 가장 예쁘다는 아이였는데 헤어졌다고 한다. 여자아이가 눈빛이 늘 촉촉이 젖어 있어서 신비롭다고 자랑을 늘어놓곤 했다. 가슴이 찢어질 듯이 아팠다는 말이 가슴에 다가왔다. 휘둘리지 않고 스스로 정리한 것이 대견했다. 아이와의 대화는 갑자기 되는 게 아니다. 평소 사소한 것부터 주저리주저리 얘기하다 보면 아이와의 대화가 일상이 된다. 부모는 아이와 친구가 되어야 한다.

아이의 친구들이 아빠와 엄마를 욕하는 걸 보면 충격이라고 한다. 평소 아빠와 친구처럼 지내는 아이의 눈에는 친구의 그런 모습이 어색했을 것이다. 친구들의 이야기를 들어보면 아빠에게 맞는 애들이 적지 않다고 한다. 회초리로 맞는 것은 고사하고 손으로도 맞는다고 한다. 그런 경험이 쌓인 아이들은 창의력은 고사하고 정서가 비뚤어지기 십상이다. 나는 어떠한 일이 있어도 아이를 때리는 것은 반대한다. '아이는 꽃으로도 때리지 말라'는 카피가 있다. 이 문장 그대로다. 자유로움 속에서 아이의 창의력은 자란다. 윽박지르지 않고 사랑과 대화로 가능성을 열어두면 아이는 마음껏 상상하고 스스로 답을 찾아간다. 사랑과 정성 어린 대화로 인간 승리를 이룬 한 사람의 스토리를 소개한다.

"이 세상에서 가장 아름다운 것은 보이거나 만져질 수 없다. 그것들은 오직 마음속에서 느껴질 것이다." - 헬렌 켈러(Helen Adams Keller)

헬렌 켈러는 미국의 작가, 교육자, 사회운동가이다. 그녀는 시각, 청각 중복 장애인으로 인문계 학사 학위를 받은 최초의 미국인이다. 헬렌 켈러는 시청각 장애로 인해 언어적 문제가 있었다. 그러나 가정교사인 앤 설리번 선생과 함께 극복했다. 헬렌 켈러가 익힌 첫 단어는 앤 설리번이 헬렌에게 선물로 가져온 '인형(doll)'의 스펠링으로 시작하였다. 스펠링을 그녀의 손에 적어주는 식으로 학습을 시작했다. 그다음에는 설리번이 헬렌의 손에 차가운 물을 틀어주고 '물(water)'이라는 단어를 손바닥에 쓰면서 연상 학습으로 익혔다.

헬런 켈러는 1880년 앨라바마에서 태어났다. 헬렌이 태어날 때부터 시청각 장애인이었던 건 아니었다. 그녀는 생후 19개월에 성홍열과 뇌막염에 걸려 위와 뇌에서의 급성 출혈이 있다는 진단을 받았다. 이 병은 오래가지 않았지만 이로 인해 그녀는 평생 시각 장애와 청각 장애를 안고 살아가게 된다. 그녀는 앤 설리번을 가정교사로 만났고, 그 이후로 49년간 그녀의 동반자로서 함께했다. 그녀의 언어적 문제를 앤 설리번 선생과 자신의 노력으로 극복한 내용을 다룬 영화가 있다. 헬렌의 유년 시절을 다룬 영화 1957년 〈미라클 워커〉로 인해 그녀의 이야기는 전 세계적으로 널리 알려지게 되었다.

내 아이의 창의력을 키우는 비법

1964년 미국의 대통령인 린든 존슨은 헬렌 켈러에게 대통령 훈장을 수여했다. 1965년 헬렌 켈러는 '뉴욕 세계 박람회'에서 미국 여성 명예의 전당에 이름이 올랐다. 그녀는 1968년 88세의 나이로 세상을 떠났다. 장례식은 워싱턴 D.C.에 위치한 성공회 대성당인 워싱턴 국립대성당에서 행해졌다. 그녀의 유해는 영원한 동료이자 선생이었던 앤 설리번과 폴리 톰슨의 옆에 놓였다. 1999년 미국에서 '갤럽이 선정한 20세기에서 가장 널리 존경받는 인물' 18인 중 한 사람으로 선정되었다. 2003년 앨라배마주는 주를 상징하는 쿼터 (25센트) 동전에 헬렌 켈러를 그려 넣었다. 스페인의 헤타페와 이스라엘의 로드에는 그녀의 이름을 딴 거리가 있다.

/ 아이와 대화하는 시간은 언제가 가장 좋은가? /

오랜만에 만난 친구가 내게 하소연을 했다. 아이가 자기와 대화를 하지 않는다는 것이다. 조숙해서 사춘기가 빨리 온 것인지 도무지 모르겠다는 것이다. 아이의 얼굴이 밝지도 않고 반항적이고 부정적이라는 것이다. 친구는 아이와 대화의 시간을 놓치고 있었다. 사업을 하느라 바빠서 아이 교육을 전적으로 아내에게 맡겼다. 돈 버는 일에만 전력을 다하다 보니 업무와 잦은 회식으로 늦은 귀가가 일상이었다. 아이의 교육은 타이밍이 중요하다. 사업이 아무리 바빠도 아이의 교육에는 양보할 수 없는 것이다. 아이의 어린 시절을 놓치면 시간은 다시 오지 않는다. 많은 부모들이 이 점을 깊게 생각하지 못하는 경우가 허다하다. 아이와의 대화 시간은 무엇과도 바꿀 수 없는 귀중한 시간인 것이다. 나이 들어 청년이 되고, 어른이 되면 그 시간이 현실로 나타난다.

대화에 익숙하지 않은 부모는 언제, 어떻게, 무엇을 얘기해야 할지 모르는 경우가 있다. 대화를 하더라도 아이와 공감이 가지 않는 소재로 겉돌기 일쑤다. 오히려 대화 시작을 안 한 것만 못한 경우도 생긴다. 아이와 대화를 하다 보면 모든 일상이 대화의 소재다. 아이와 대화하는 시간이 언제가 가장 적합한가를 질문해보자. 언제일까? 나는 주저 없이 아침에 아이의 잠을 깨우는 시간이라고 얘기한다. 나는 아이를 깨우는 행복했던 아침을 얘기하고 싶다. 아이들은 신체적으로 성장하는 시기이기 때문에 많은 수면시간이 필요하다. 숲속의 잠자는 동화처럼 깨어나지 않을 기세로 아이는 죽은 듯이 잠을 잔다. 아이의 잠자는 모습은 세상의 그 무엇과 비교할 수 없을 정도로 아름답다. 꽃보다 아름답다는 말이 무색하다. 아침에 잠을 깨워 학교 보내는 게 보통 일이 아니다. 그러나 방법이 있다. 아이의 다리를 주물러 잠을 깨우는 것이다. 다리를 주무르면 아이는 기지개를 켠다. 간밤에 이완된 몸을 아빠의 따뜻한 손으로 주무르니 온몸이 시원하다. 아이의 뼈와 살을 만져 발육을 체크하는 시간이기도 하다. 성장판에 자극이 가서 키 크는 데 많은 도움이 된다. 실제 내 아이들은 세계인의 평균 신장을 훨씬 웃돌게 자랐다. 이 시간을 놓치지 마라. 이 시간이 아이와 대화하는 최적의 시간이다. 기분이 좋아지는 안마에 행복으로 충만해진 마음으로 어떤 대화를 못 하겠는가? 이 시간은 어쩌면 대화가 필요 없는 시간이다. 사랑이 묻어나는 장난과 스킨십이 주는 안정감과 충만감은 아이에게 최고의 묘약이 된다. 아이를 가진 부모들에게 이 시간을 놓치지 말 것을 당부하고 싶다. 아이들이 성인이 된 지금도 나는 가끔씩 이 시간에 아이의 발을 주무르며 대화를 한다. 그리고 내가 필요할 때면 아이를 불러 내 다리를 주무를 것을 요구한다. 아이들은 평생 받아본 안마 기술이라서 이미 최고의 안마사가 되어 있다. 이 시간이 우리 부자의 대화 시간이다.

내가 헬렌 켈러를 주목하는 이유는 설리번 선생의 사랑이다. 그녀는 헬렌과 사랑으로 깊은 대화를 했다. 시각과 청각의 중복 장애를 가진 어린 헬렌에게 설리번 선생은 축복이었다. 아이들은 자체가 온전한 사랑이다. 그 사랑에 부모의 사랑이 더하면 아이의 신성은 저절로 깨어난다. 헬렌 켈러는 그렇게 중복 장애를 극복하고 세상에 선한 영향력을 끼친 위대한 사람으로 거듭났다. 아이들과 사랑이 담긴 대화만 잘해도 '창의력'이라는 신성이 깨어난다.

05 / 부모의 고정관념이 아이의 창의력을 방해한다

/ 아이들 세계에서는 싸움이 필요하다 /

"우리 반 애하고 한판 붙기로 했어요."

"말다툼을 했는데 결말이 나지 않아서 결투로 끝내기로 했어요."

"잘했다. 남자 놈들이 입으로만 다투면 싱거워서 정이 붙지 않는다."

"근데 초등학교 때부터 수없이 많은 결투를 해왔지만 떨리는 건 처음이에
요."

"걱정 마라. 그 녀석도 떨고 있을 거야. 기 싸움에서 밀리면 지는 거다."

중학교를 올라가서 신학기라 수놈들이 서열 정리를 하는가 보다. 아내는
아이에게 싸움을 부추긴다고 펄펄 뛴다. 교사나 어느 부모도 아이에게 싸
움을 부추기지는 않는다. 하지만 괴롭힘과 싸움은 다르다. 아이들 세계에

내 아이의 창의력을 키우는 비법

서 싸움은 필요하다. 나는 굳이 아이에게 친구들과 절대 싸움을 하면 안 된다고 가르치지 않았다. 남자들의 경우는 새 학기가 되면 으레 자신이 세다는 걸 어필한다. 정글의 법칙이 그러하듯이 때가 묻지 않은 아이들조차 그렇다. 자연스러운 현상이라고 본다. 싸움은 자연의 본성이다. 어리니까 무조건 착해야 하고 보호받아야 한다는 건 아니다. 위험에도 노출되고 싸워도 봐야한다. 아이의 결투 소식에 흥미가 생긴 나는 아이에게 물었다.

"싸우려는 아이가 덩치가 좋고 입심이 센가 보네?"

그 아이는 중1임에도 불구하고 성장이 빠른지 수염도 나고 공룡 티라노사우루스처럼 생겼다고 한다. 처음으로 긴장되고 떨리는 마음이라고 했다.

"그 애는 치려 해도 빈틈이 없어요."

나는 빈틈을 만드는 방법을 가르쳐주었다. 병법에 나오는 동쪽을 치는 척하면서 서쪽을 공격하는 성동격서 법을 얘기해주었다. 그래도 떨린단다.

"친구와의 결투는 원수진 일이 아니기 때문에 지면 졌다 하고, 이기면 앞으로 까불지 말라고 하면 된다. 결투는 그래서 하는 거다. 싸우고 나면 화해할 수 있도록 떡볶이값을 줄 테니 걱정하지 마라. 승부에 너무 집착하지 말고 친구를 사귄다고 생각해라."

마음을 그렇게 먹으니 편해졌다고 했다.

남자아이들은 아무리 싸우지 말라고 해도 뒤에서 싸우고 다닌다. 동물의 세계처럼 수놈들의 세계가 그렇다. 특히 리더를 꿈꾸는 아이들에게 서열 다툼은 학교생활의 중요한 부분이다. 나는 여기서 어른들의 고정관념을 얘기하고 싶다. 나이가 들수록 자기만의 사고와 행동방식이 고착되어간다. 점점 고정관념의 틀 속으로 들어가게 된다.

아이들은 '꼰대'라는 말을 많이 쓴다. 아이들은 자기들끼리는 아버지를 '우리 꼰대'라고 부르기도 한다. 잔소리 많은 선생님이나 부모를 꼰대라고 한다. 꼰대들은 자기가 만든 틀 속에서 변화를 거부하고 살아가는 존재들이다. 꼰대들은 지금까지 살아온 세계의 익숙함이 좋다. 꼰대는 고정관념의 틀 속에 사는 사람이다. 꼰대들에게는 미래를 열어갈 힘이 없다. 미래를 열어갈 힘은 아이들에게 있다.

/ 창의력은 고정관념을 깨는 것으로부터 시작한다 /

창의력은 고정관념을 깨는 것으로부터 시작한다. 라이트 형제가 하늘을 나는 시도를 했을 때 고정관념을 가진 사람들은 코웃음을 쳤다. 하지만 라이트 형제는 고정관념의 틀을 부수고 인류 최초로 하늘을 날았다.

에디슨의 수많은 발명품도 모두 고정관념을 깨고 탄생한 것들이다. 우리나라 강릉에 가면 '참소리 박물관'이 있다. 토머스 에디슨의 발명품들을 수집해 전시해놓은 박물관으로 경포호 맞은편에 있는 참소리 박물관은 1982년 손성목 관장이 설립한 곳이다. 현재 경포도립공원에 위치해 있는데 아이들과 함께 가볼 곳으로 추천한다. 설립자 손성목 관장 개인이 세계 70여 개국을 돌며 수집한 에디슨의 3,500여 점 발명품 중 대표적 3대 발명품인 축음기, 전구, 영사기를 비롯한 그의 발명품과 유품 등 2,000여 점이 전시되어 있다. 이는 소장품 규모 면에선 세계 최대의 박물관이다. 전 세계 축음기 및 에디슨 발명품의 3분의 1 이상이 여기에 소장되어 있다. 놀라운 일이다. 부시 대통령이 한국을 방문했을 때 참소리 박물관에 와서 관람을 한 후, 자기도 모르게 'Fuck'을 연발했다고 한다. 미국에도 없는 이런 에디슨의 발명품들이 어찌 여기에 이렇게 많냐는 것이었다. 참 흥미로운 일화다.

우리는 소리가 어떻게 기기를 통해서 나오는지 아무런 의심 없이 사용한다. 소리를 저장할 수 있는 축음기를 발명하기 전까지는 사람의 소리를 저장한다는 것을 생각지도 못했다. 당시의 고정관념을 깬 에디슨의 창의성에 의해 축음기가 탄생했다. 아이들에게 보여주면 고정관념과 창의성의 역사적 증거를 보는 것이기에 큰 교육이 된다. 어른이 봐도 인간의 창의성에 대해서 다시 생각하는 계기가 되기에 충분하다. 참소리 박물관은 손성목 관장이 어린 시절에 아버지께서 생일 선물로 주신 에디슨의 축음기가 계기가 되었다고 한다. 평생을 수집해서 한곳에 모아놓은 것이다. 이런 훌륭한 창의적 증거를 볼 수 있게 해준 손성목 관장께 감사할 따름이다.

"여기 미친 이들이 있습니다. 부적응자, 혁명가, 문제아 모두 사회에 부적격인 사람들입니다. 하지만 이들은 사물을 다르게 봅니다. 그들은 규칙을 좋아하지 않고 현상 유지도 원하지 않습니다. 그들을 찬양할 수도 있고, 그들과 동의하지 않을 수도 있으며, 그들을 찬미할 수도, 비방할 수도 있습니다. 하지만 할 수 없는 일이 딱 한 가지 있습니다. 결코 무시할 수 없다는 사실입니다. 그들은 뭔가를 바꿔왔기 때문입니다. 그들은 발명하고 상상하며 고치며 탐사하고 만들어내며 감화를 주고 인류를 진보시켰습니다. 아마도 그래서 미쳐야 했을지도 모릅니다. 그렇지 않으며 어떻게 빈 캔버스에서 예술을 발견할 수 있겠습니까? 혹은 조용히 앉아서 아무것도 작곡한 적 없는 노래를 들을 수 있겠습니까? 또는 붉은 행성을 바라보며 우주 정거장을 떠올릴 수 있겠습니까? 우리는 이런 이들을 위한 도구를 만듭니다. 다른 이들은 그들을 미쳤다고 말할지 모르나, 저희는 그들에게서 천재성을 봅니다. 미쳐야만 세상을 바꿀 수 있다고 생각하기 때문입니다."

내 아이의 창의력을 키우는 비법

'Think different'는 애플이 1997년에 만든 광고 문구의 전문이다. 유명한 TV 광고, 인쇄 광고물, 수많은 애플 제품의 TV 프로모션에도 사용되었다. 애플이 만든 최초의 제목은 '미친 이들(The Crazy Ones)'이었으나 사람들에게는 '다르게 생각하라(Think different)'로 많이 각인되어 있다. 고정관념을 깨고 개인용 컴퓨터의 시대를 열었고, 컴퓨터 기능을 전화기에 탑재해서 모바일 시대를 열었다. 대부분의 창업자가 새로운 회사를 설립하면서 가장 먼저 만드는 것 중 하나가 기업이 추구하는 슬로건이다. 예를 들어, 스포츠용품 제조업체인 나이키의 'Just Do It!'처럼 말이다. 그 말만 봐도 나이키가 연상되고, 나이키가 추구하는 바가 이해된다.

애플의 슬로건을 고민하던 스티브 잡스는 결국 경쟁상대인 IBM을 이기려면 IBM과 다르게 생각하고 행동해야겠다고 결심했다. 당시 IBM의 슬로건은 '생각하라(Think)'였다. 잡스는 IBM이 하는 것처럼 생각해서는 승리할 수 없음을 직감했다. 그래서 만든 슬로건이 '다르게 생각하라'였다. 잡스는 애플을 창업하면서 슬로건처럼 IBM과 다르게 생각하고 행동했고 그 결과 애플은 IBM을 능가하는 회사로 성장했다. 그때 만들었던 정체성과 방향성이, 지금 그들을 다르게 만들어주었다.

애플은 세상에서 가장 창의적인 기업으로 불린다. 이렇게 된 배경으로 첫 번째가 고정관념에 매이지 않았다는 것이다. 그들은 틀을 깨고 남다르게 생각하는 그들만의 방식이 있었다. 그것을 모든 구성원이 일상의 업무와 개발에 적용했기에 가능했다. 부모의 고정관념을 아이들에게 적용시키려 하면 아이의 창의력을 방해한다. 심하게 말하면 아이의 미래를 망친다. 부모의 틀은 부모의 세대에 필요한 것일 뿐이다.

내 아이의 창의력을 키우는 비법

06 / 아이와 대화하려면 발상을 전환하라

/ 나와 다른 생각을 틀린 생각으로 착각한다 /

어느 왕국에 웃지 않는 공주가 살았다. 임금님은 하나밖에 없는 공주가 웃음을 잃어버려 근심이 컸다. 전국에 방을 붙여 공주를 웃겨주는 사람에게 큰 상을 주겠다고 했다. 많은 사람들이 몰려들어 온갖 노력을 해봤지만 공주는 웃지 않았다. 하루는 수염에 빨간 리본을 단 사나이가 찾아왔다. 생긴 모습부터 재미있었다. 공주 앞에 선 그는 팔을 번쩍 들었다. 공주는 까르르 웃고 말았다. 그의 수염에 매달린 리본과 똑같은 빨간 리본을 겨드랑이 털에 달고 있었다. 나는 친구들과 어울리는 자리에서 가끔씩 이 개그를 한다. 어떤 친구는 썰렁하다고 핀잔을 주기도 하지만 나는 이 개그를 좋아한다. 나의 이런 유치한 듯한 생각이 아이들에게는 잘 먹힌다. 아내가 보기엔 아무것도 아닌 이야기를 아이와 낄낄거리며 하고 그렇게 재미있는 시간을 보낸다.

살구꽃 환한 길 걸으며
모두들 한마디씩 했다.

(중략)

바람이 잔가지를 흔들어
꽃잎이 하르르 흩어졌다.

아이는 "나비 떼 같다."
어른은 "꽃비가 내린다."
노인은 "어릴 적이 그립다."

김종상 시인의 시, 「살구꽃」이다. 나는 생각의 차이를 이야기할 때 「살구
꽃」시를 인용하곤 한다. 세상을 달관하지 못하면 쓸 수 없는 작품이다. 아이
는 살구꽃을 보자마자 살구가 먹고 싶다는 생각을 한다. 하지만 노인은 어릴
적 살구꽃 핀 고향이 그립다고 생각한다. 이렇듯 사람들은 같은 사물을 보
고 다르게 생각을 한다. 우리는 살면서 나와 다른 생각을 틀린 생각으로 착
각을 하는 경우가 종종 있다. 「살구꽃」시에서 말하고 싶은 것은 아이의 생
각을 열어놓고 발상을 전환하라는 말이다. 살구가 먹고 싶은 아이에게 고향
생각을 강요할 수는 없는 일이다. 부모의 위치에 서면 이런 쉬운 원리를 간과

내 아이의 창의력을 키우는 비법

하곤 한다. 아이와 효과적인 대화를 위해선 발상을 전환해야 한다.

/ 아이들은 태어날 때부터 창의적인 존재이다 /

"아빠, 범고래는 물개를 잡아먹을 때 맛있겠어요. 한입에 쏙."
"바닷물이니까 짭짤하게 간도 잘되어 있잖아요."

다큐 영화 〈오션스(Oceans)〉를 보며 범고래와 백상아리가 물개 사냥하는 장면에서 아이가 한 말이다. 내가 살구꽃을 보고 향기를 맡고 있는데 아이는 벌써 살구를 먹고 있는 상상을 한다.

"아빠, 상어는 어떤 입맛일까요?"
"바다의 청소부라고 불릴 정도니 아마도 아들 입맛과 같지 않을까?"

〈오션스〉는 2009년 프랑스에서 제작한 자연 다큐멘터리다. 바다는 늘 우리 가까이에 있고 친근하지만 우리는 바다에 대해서 얼마나 알고 있을까? 지구 표면의 70.8%, 해양 면적은 3억 6,105만 ㎢, 해수 부피는 13억 7,030만 ㎢, 해양의 평균 깊이는 4,117m이며, 최대 11,034m에 이르는 미지의 세계다. 이곳에는 우리가 알지 못하는 다양한 해양 생물이 각자 자기만의 생활 방식으로 살아가고 있다. 무려 4억 년간 모습이 변하지 않아 '살아 있는 화석'이라 불리는 투구게, 어른 키의 2~3배가 넘는 대형 해파리, 바다의 배트맨 담요문어, 소리를 내어 사랑을 노래하는 혹등고래, 잠수하는 새 가마우지, 지구상에서 가장 큰 대왕고래, 밤바다의 파수꾼 바다 성게, 변신의 귀재 문어, 로마 시대 병사 같은 거미게 등 바다 속 그들은 바다의 주인으로 수백만 년 동안 살아왔다. 바닷속 세계는 즐거움, 환상, 신비로움이 가득하다. 이런 다큐는 아이들의 상상을 자극하여 미지의 세계로 여행을 안내한다.

옛날 인도의 어떤 왕이 장님 여섯 명을 불렀다. 손으로 코끼리를 만져보고, 각기 자기가 알고 있는 코끼리에 대해 말하게 했다. 먼저 코끼리의 상아를 만진 장님이 말했다.

"폐하, 코끼리는 무같이 생긴 동물입니다."

그러자 코끼리의 귀를 만졌던 장님이 말했다.

"아닙니다, 폐하. 코끼리는 곡식을 까불 때 사용하는 키같이 생겼습니다."
옆에서 코끼리의 다리를 만진 장님이 큰 소리로 말했다.
"둘 다 틀렸습니다. 코끼리는 마치 커다란 절굿공이처럼 생긴 동물입니다."

그 뒤에도 코끼리 등을 만진 이는 평상같이 생겼다고 우기고, 배를 만진

내 아이의 창의력을 키우는 비법

이는 코끼리가 장독같이 생겼다고 주장했다. 꼬리를 만진 이는 코끼리가 굵은 밧줄같이 생겼다고 외쳤다. 왕은 신하들에게 말했다.

"보아라. 코끼리는 하나이거늘, 저 여섯 장님은 제각기 자기가 알고 있는 것만 코끼리로 알면서도 조금도 부끄러워하지 않는다. 진리를 아는 것도 이와 같다."

장님 코끼리 만지기로 알려져 있는 이 우화는 불교 경전인 『열반경』에 나오는 이야기다. 김종상의 시에서 살구꽃을 보고 느낀 아이와 어른의 시각이나 『열반경』의 장님 코끼리나 같은 말이다. 사람은 누구나 자기가 알고 있는 만큼만 이해하고 고집하려 한다는 것이다.

피카소의 그림을 처음 접하는 사람은 그의 그림이 난해하다고 한다. 나도 처음엔 그랬다. 피카소의 그림을 보고 있노라면 많은 생각을 불러일으킨다. 일을 하다가 벽을 만났을 때, 피카소 그림은 나에게 영감을 준다. 한 가지 일을 다양한 각도에서 볼 수 있는 문을 열어준다. 피카소를 입체파 또는 큐비즘이라 부른다. 큐비즘은 대상을 입체적 공간으로 나누어 여러 가지 원색을 칠하여 재구성하는 그림 방식이다. 이와 같은 입체적인 형태, 원통형, 입방형, 원추형 따위를 종래의 선이나 면을 대신한 표현 기법으로 사용한다. 이러한 입체주의 작품들은 다양한 각도에서 바라보는 관점으로 사물을 해체했다

다시 접합하는 방식의 미술 작품이다. 피카소는 13,500여 점의 그림과 700여 점의 조각품을 창작했다. 그의 작품 수를 전부 합치면 3만여 점에 이른다. 그중에 입체파의 진수를 확인할 수 있는 몇 작품을 소개하면 「아비뇽의 처녀들」, 「게르니카」, 「기타 치는 노인」, 「거울 앞 소녀」, 「빨간 안락의자」, 「꿈」, 「책 읽는 여인」, 「우는 여인」, 「납골당」, 「만돌린을 켜는 소녀」, 「마졸리」 등이 있다.

피카소가 『열반경』의 코끼리 우화를 그림으로 표현한다면 어떤 작품이 나왔을까? 피카소가 김종상 시인의 「살구꽃」을 그린다면 어떤 작품이 탄생했을까? 나는 또 호기심이 뭉글뭉글 올라온다. 아이들은 태어날 때부터 창의적인 존재이다. 어른은 아이에게 거울을 비춰주면 된다. 하지만 살구를 먹으려는 아이에게 고향 생각을 강요하는 우를 범하기도 한다. 기억하라. 아이와 대화하려면 발상을 전환하는 게 우선이다.

07 / 아이가 하고 싶은 일에 대해 대화하라

/ 아이들 방 벽에 대형 세계지도를 붙여라 /

"아빠, 투발루를 아세요?"

"섬나라 이름 아니냐?"

"기후 온난화 때문에 물에 잠긴대요."

"투발루는 작은 섬나라 왕국인데 물에 잠겨서 국가 포기 선언을 한 나라다."

"뉴질랜드에 국민을 받아 달라고 도움을 요청했는데 조건이 까다롭대요."

"니 친구가 잘 곳이 없다고 우리 집에 들어오겠다면 여러 가지 조건이 있어야겠지?"

"나라와 나라끼리의 관계는 그렇게 복잡하다. 투발루가 어디에 있지?"

"남태평양 피지 위에 있어요."

"피지는 콧기름이잖아."

"네, 콧기름 위에 둥둥 뜬 투발루네요."

아이들은 틈나는 대로 방벽에 붙은 대형 세계지도를 보는 게 일이다. 지명 찾기 게임을 할 때면 몰입도 100%다. 게임에는 치킨이 걸려 있고, 푸짐한 외식도 걸려 있다. 나라를 지명했을 때 찾는 건 1분, 도시를 찾는 것은 2분 안에 찾는 게임이다.

세계가 오대양 육대주로 구성되어 있다는 건 대형 지도를 보면 간단하게 알 수 있다. 오대양은 남북극해, 태평양, 대서양, 인도양이다. 육대주는 우리가 살고 있는 아시아부터 유럽, 남북 아메리카, 아프리카, 오세아니아로 구성되어 있다. 게임 중에 어려운 문제는 육대주 중에 어디에 속한다는 것을 힌트로 주기도 한다. 아이들은 1년쯤 지나자 웬만한 나라와 수도에 대해서는 환하게 알게 되었다. 나라를 알면 그 나라의 역사에 대해서 대화를 했다. 그렇게 세계사를 자연스럽게 공부했다.

나는 아이들이 세계인으로 살기를 바란다. 그래서 벽을 가득 채우는 대형 지도를 만들어 붙였다. 아이들이 세계지도를 보며 세계가 자기들이 활동할 무대로 느끼게 했다. 우리가 살고 있는 한반도는 영토가 작다. 지정학적으로 대륙 세력과 해양 세력의 가운데 껴 있다. 영토가 거대한 나라에 비하면 자원도 적을뿐더러 인구도 적다. 대한민국의 근현대사를 살펴보면 4대 강국의

내 아이의 창의력을 키우는 비법

틈바구니에 껴서 자주적 선택으로 역사가 흘러간 적이 없다. 대륙 세력의 투톱인 중국과 러시아는 해양으로 진출하기 위해선 우리나라가 필요했다. 대륙으로 진출하고 싶은 일본 역시 교두보인 우리나라가 필요했다. 미국은 러시아와 중국을 견제하기 위해서 우리나라가 필요했다. 우리나라는 미국의 전략적 서부전선이 되는 것이다.

/ 학교에서 배우지 못하는 것을 가르쳐라 /

우리나라는 조선 시대 때 일본에 의한 강제 개항으로 문을 열었다. 한반도는 청나라와 러시아, 일본의 치열한 주도권 다툼의 각축장이었다. 결국은 일본에 의해 우리나라의 주권을 빼앗겼다. 주권을 되찾기 위해 수많은 독립 운동가들의 희생이 있었지만 역부족이었다. 우리나라의 독립은 히로시마와 나가사키에 미국의 원자폭탄이 투하되어 일본이 스스로 물러가면서 된 것이다. 독립운동을 해서 스스로 찾은 것이 아니다.

이처럼 강대국의 틈바구니에 낀 우리나라다. 여기서 태어난 아이들이 세계를 보지 못하고 의식이 한국의 틀에만 머물러 있다면 미래 경쟁력은 없는 것이다. 우물 안에서 놀다가는 개구리 신세일 뿐이다. 개구리는 바다의 존재조차 모르고 우물에서 살다가 간다. 벽에 붙은 대형 지도는 내가 예상했던 대로 아이들의 가슴을 뜨겁게 했다. 아이들이 가슴에 세계를 품으니 여행을 하고 싶어 했다. 아이들은 그렇게 시간을 계획하고 자금을 스스로 마련해서 떠났고, 한 번씩 다녀올 때마다 성숙해서 돌아왔다.

"아빠, 일본 지진이 무서워요. 지진은 왜 일어나는 거죠?

"3.11 일본 지진 말이구나. 일본 동경은 지각판 3개가 맞물려 있다. 필리핀 판, 태평양판, 유라시아판이 맞닿아 있어서 지진이 자주 일어난다. 우리나라 는 유라시아 지각판 위에 있는 나라지."

"지각판이 뭐예요?"

"영어로 'Plate'라고 하는데 축구공이 가죽을 여럿 잇대어져 만든 것처럼 지구도 12조각의 가죽으로 이루어진 축구공이라 생각하면 된다. 그 조각을 지각판이라고 한다."

아이는 뉴스에서 보도되는 일본의 지진 소식을 보며 지진에 대한 질문 을 쏟아냈다. 당시 동일본대지진은 2011년 3월 11일 금요일 14시 46분 일본 산리쿠 연안 태평양 앞바다에서 일어난 해저 거대 지진이다. 지진의 규모는 9.0-9.1로 일본 근대 지진 관측 사상 최대 규모의 지진이었다. 지진 발생 후 강력한 쓰나미가 발생하여 도호쿠 지방의 이와테 현 미야코 시에 40.5m의 해일이 덮쳤다. 해일은 미야기현 센다이시에서는 내륙으로 10km까지 밀려 들었다.

동일본대지진으로 혼슈가 동쪽으로 2.4m 이동하였고, 지구 자전축이 10-25cm가량 움직인 거대 지진이었다. 당시의 간 나오토 내각총리대신은 "제2

차 세계대전 종전 후 65년이 지난 지금 일본에 가장 어려운 시기이자 힘든 위기가 닥쳤다."라고 말했다. 지진으로 일어난 쓰나미는 후쿠시마 제1 원자력 발전소 사고로, 사고 인근 구역은 사람이 살 수 없는 구역으로 지정되어 수십만 명이 이주하였다. 후쿠시마 제1 원자력 발전소 주변 20km, 후쿠시마 제2 원자력 발전소 주변 10km는 사람들이 살 수 없는 땅이 되어버렸다. 세계은행은 동일본대지진의 자연재해로 발생한 피해액이 대략 미화 2,350억 달러로, 역사상 최악의 재산 피해를 입힌 자연재해라고 발표했다.

나는 아이의 지진에 관한 질문에 판게아 이론으로 답을 해주었다.

"1922년 독일의 베게너라는 지구물리학자가 아프리카 서쪽과 남아메리카 동쪽이 일치하는 것을 연구하여 발표한 것인데 갈릴레오처럼 종교재판을 받지는 않았지만 그 당시 과학자들에게 철저하게 외면당했어."

"베게너는 참 외로웠겠어요."

"선구자들은 늘 외롭단다. 1960년대에 기계가 개발되면서 해양탐사가 체계적으로 이루어지고 나서야 베게너 이론이 정설로 인정받았거든."

"판게아(Pangaea)론, 판구조론, 대륙이동론이라고 한다. 아프리카와 아메리카는 원래 한 덩어리였었어."

아이는 눈을 반짝이며 들었다. 아이는 그날 밤 잠들기 전에 베게너의 판게아론을 생각했을 것이다. 아이는 지구의 창조자가 되어 축구공처럼 12지각판으로 잇대어 둥글게 만들었다. 그리고 그 위에 육대주를 만들고 물을 부어 오대양을 만들었을 것이다.

우리 아이들은 학교에서 주입식 교육을 받는다. 우리나라 교육 현실이 그렇다. 부모는 학교에서 배우지 못하는 것을 가르쳐야 한다. 감성과 창의적 상상력에 대한 것은 반드시 가르쳐야 한다. 그래서 부모가 아이와 대화하는 시간이 절대로 필요하다. 아이건 어른이건 자신이 좋아하는 것에 대해 얘기하면 밤새는 줄 모르고 이야기를 한다.

부모는 아이가 좋아하는 것을 붙잡고 얘기해야 한다. 그것을 시작으로 질문을 유도하고, 답변에 격려하고 호기심을 부추겨야 한다. 부모가 아이들과 대화가 되지 않는 경우를 주변에서 많이 보아왔다. 핑계가 찬란하다. 부모가 시간이 없어 아이와의 대화를 포기하는 경우도 있다.

그러나 부모는 어떤 경우에서든지 아이와 대화를 못 한다는 건 핑계에 불과하다. 아이의 감성과 지성의 바른 성장을 위해서, 상상력과 창의력을 위해서 부모의 대화는 너무도 중요하다. 부모와 아이의 대화는 아이의 미래와 직결되는 문제이기 때문이다. 따라서 양보할 수 없는 문제이다.

내 경우는 벽에 대형 지도를 붙여두고, 아이들과 게임을 하며 세계로 의식을 넓혀주었다. 지도를 보며 세계 역사에 대한 대화를 자연스럽게 했다. 내가 모르는 부분은 아이들 스스로 찾아 공부했다. 아이들의 방벽에 대형 세계지도를 붙여줄 것을 추천한다. 그리고 지명 찾기 게임을 하면 대화는 자연스럽게 시작된다.

내 아이의 창의력을 키우는 비법

08 / 어린아이가 되어 창의력과 소통하라

/ 아이들과 이야기 나누기 좋은 소재가 자연과 동식물이다 /

"오스트레일리아는 섬이에요? 육지예요?"

"아무리 커도 바다로 둘러싸여 있으니 섬이지."

"그럼 지구의 모든 땅은 섬이겠네요?"

"네 말을 듣고 보니, 모두 물에 둘러싸여서 섬이구나. 지구가 허공에 떠 있으니 별인 것처럼."

"섬은 물에 떠 있는데 왜 떠내려가지 않아요?"

"아빠도 어릴 때 너와 똑같은 생각을 했었는데."

"떠내려가면 바위고 떠내려가지 않으면 섬이다. 섬은 물 빠지면 육지거든."

"경남 통영이 고향인 김춘수 시인도 남해에 작은 섬들이 떠내려갈까 봐 걱정했다더라."

아이는 벽에 붙여놓은 대형 세계지도를 보면서 많은 질문을 한다. 나 역시 지도를 보면서 세계 역사와 국가 간의 역학 관계 등등 여러 생각을 한다. 아이들과 이러한 대화를 즐기는 시간이 내게는 축복이었다. 나는 어릴 적에 바다에 떠 있는 섬이 왜 떠내려가지 않는지 참으로 궁금했었다. 아이가 내 어릴 때와 똑같이 생각하는 걸 들으니 재미있었다. 나는 부모님과 이런 얘기를 나눌 기회가 없었다. 그래서 아이들과 많은 대화를 하고 다양한 경험을 시켜주려고 노력했다. 나는 충청북도 산골에서 나고 자랐기 때문에 바다를 보지 못했다. 중학교 수학여행에서 처음 본 바다는 경이로움 자체였다. 수학여행 차량이 해운대에 도착해 내리자마자 바다로 달려갔다. 주변을 돌아볼 겨를도 없이 바닷물을 두 손에 한가득 퍼 올려 단숨에 마셔버렸다. 물이 그렇게 짠 줄을 처음 알았다. 바닷물은 짜다 못해 쓰디썼다. 포항제철을 견학하러 갔을 때는 바다에 떠 있는 큰 배를 보고 놀랐다. 뒷동산만 한 쇳덩이가 물에 떠 있다는 것이 믿기지가 않았다. 나의 일생에서 초등학교 때 서울 구경을 하고 충격 먹은 이후로 두 번째 충격이었다.

"아빠하고 대화하면서 알아가는 게 너무 재미있어요."

"아빠가 아는 걸 물어봐서 다행이다. 열심히 공부해서 아빠가 모르는 걸 물어봐."

"말라리아는 모기가 물은 건데 왜 죽어요?"

"아마존이나 아프리카에서 걸리는 거요."

내 아이의 창의력을 키우는 비법

"모기가 피를 빨면서 병균을 옮기는데 체온이 50도까지 올라가서 탈수로 죽는다."

"100도까지 올라가는 병도 있어요?"

"100도면 물이 부글부글 끓는 비등점인데 그러기 전에 죽어."

"100도까지 올라가는 병은 없는 거네요."

"내셔널지오그래픽 채널에서 봤는데요, 엄청 귀여운 개구리가 뱀 잡아먹는 거 봤어요."

"독 개구리인가 보구나."

"그런가 봐요. 그 뱀은 억울하겠어요."

아이들은 아직 경험이 많지 않다. 그렇기때문에 아이들이 흥미를 갖는 것은 동물이나 자연의 세계다. 아이들과 이야기 나누기 좋은 소재가 동식물과 자연이다. 나는 어릴 적에 운이 좋게도 『내셔널지오그래픽』을 마음껏 볼 수 있었다. 외할머니를 따라 성당을 다녔다. 내가 다니던 시골 성당의 주임 신부님은 외국인 신부님이었다. 신부님은 이탈리아 시실리 출신의 미국인이었는데 영문판 『내셔널지오그래픽』을 정기 구독해서 보고 계셨다. 나는 성당의 미사는 뒷전이고, 붉은 벽돌로 지어진 성당의 교육관에 혼자 남아 내셔널지오그래픽을 보았다. 책에서 나오는 동물 사진과 세계 곳곳의 풍경사진을 보는 재미에 푹 빠져 지냈다. 아이들과 눈높이를 맞추어 대화하기 좋은 소재가 세계지도와 『내셔널지오그래픽』이다.

"맹꽁이는 왜, 맹꽁이라고 해요?"

"수컷은 맹하고 울고, 암컷은 꽁하고 대답한다. 우는 소리가 맹꽁으로 들리니 맹꽁이라 불렸을 거야."

"정말 신기하네요. 책에 그렇게 나와요?"

"아니, 책에서는 보지 못했는데 내가 어릴 때 알아낸 거야."

시골에서 모내기를 할 때 즈음이면 논에서 맹꽁이가 요란하게 울어댔다. 지금처럼 장난감이 흔하던 시절이 아니라 개구리와 달리 맹꽁이가 아이들 사이에 인기가 좋은 장난감이었다. 짝짓기 철이 되면 맹꽁이 수컷이 부지런히 다니며 '맹' 하고 울어댄다. 가장 큰 소리를 내는 녀석이 암컷을 차지하기 때문에 맹렬하게 울어댄다. 생명이 걸린 문제이기 때문에 루치아노 파바로티 저리 가라이다.

나는 바지를 둘둘 걷어 올리고 논에 들어가서 맹꽁이를 잡았다. 코를 막아 '맹' 소리를 외치면 암컷은 영락없이 '꽁' 소리로 화답을 했다. 거꾸로 암컷의 소리를 내면 수컷들이 모여든다. 깡통 가득히 잡은 맹꽁이를 친구들에게 나눠주기도 하고 동생들과 가지고 놀았다. 맹꽁이는 청정지역에만 사는 양서류 동물이다. 요즘은 시골에서조차 맹꽁이를 찾아보기가 쉽지 않다. 희귀동물이 되어버린 맹꽁이 이야기를 하니 아이는 눈을 반짝이며 듣는다.

내 아이의 창의력을 키우는 비법

/ 창의력에는 선악의 구분이 있다 /

학교를 마치고 여러 학원을 순회하며 공부해야 하는 요즘 아이들과 대화의 시간을 만들기가 만만치가 않다. 하지만 시간은 쏜살같이 지나간다. 때를 놓치고 아이들과 대화하지 않으면 주입식 교육의 시스템에 길들여진다. 대학 입시를 위해 줄 서 있는 아이를 발견할 것이다. 부모들이 착각하기 쉬운 것이 있다. 아이들은 순수하기 때문에 무조건 착한 줄로만 안다. 사람은 태어나면서부터 욕망의 존재이다. 따라서 부모는 아이에게 욕망의 선악과 사회윤리에 대해서 가르쳐야 한다. 아이들의 영혼은 하얀 도화지와 같아서 처음부터 잘못 그려질 수도 있다. 어느 초등학교 2학년 아이의 일기를 소개한다.

"냉장고가 있어서 좋다. 냉장고는 나에게 먹을 것을 준다. 강아지가 있어서 좋다. 강아지는 나랑 놀아준다. 그런데 엄마는 왜 있는지 모르겠다."

엄마의 무관심에 소외감을 느낀 아이의 소감이다. 돈벌이를 하느라 그랬든, 친구들과 어울리느라 그랬든 텅 빈 집에서 아이가 느끼는 감정을 가감 없이 표현한 글이다. 아이와 대화를 하지 못하는 모든 상황은 핑계일 수밖에 없다. 부모는 아이의 눈높이가 되어 소통을 해야 한다. 창의력에는 선악이 있다. 아이의 창의력은 선으로 열매 맺어야 한다. 창의력이 악으로 열매를 맺으면 그 창의력이 위대할수록 사회의 악이 되어 감옥을 들락거릴 수가 있다.

영국의 낭만주의 시인 윌리엄 워즈워스(William Wordsworth)의 시를 소개한
다.

〈무지개〉

저 하늘 무지개를 보면

내 가슴은 뛰노라

나 어린 시절에 그러했고

어른인 지금도 그러하고

늙어서도 그러하리

그렇지 않다면 차라리 죽는 게 나으리!

아이는 어른의 아버지

내 하루하루가

자연의 숭고함 속에 있기를

09 / 지혜로운 부모는 질문을 멈추지 않는다

/ 질문은 바위를 깨는 정과 같다 /

석공이 바위를 깨트릴 때 쇠로 만들어진 정을 쓴다. 바위 결을 찾아 정확한 지점에 정을 대고 망치를 휘두른다. 집채만 한 바위도 작은 쇠막대기에 불과한 정을 맞고 둘로 쪼개진다. 깨지지 않을 것처럼 단단한 바위도 정을 맞아 쪼개지는 것처럼 문제도 그렇다. 도무지 풀리지 않을 것만 같은 문제도 질문으로 문이 열린다. 질문은 바위를 쪼개는 정과 같다. 호기심과 질문은 형제와 같아서 모든 창의에 선행한다.

역사적으로 독재를 행하는 자들이 제일 우려하는 것이 '왜?'라는 질문이다. '왜?'라는 열쇠를 들이대면 철옹성처럼 단단해야 할 자신의 세상이 공개되기 때문이다. 독재자들은 자유와 창의를 두려워한다. 그것은 오직 자신들의 전유물이어야 그들의 아성을 유지할 수 있기 때문이다. 바꾸어 말하면 자유를 노래하고 창의적인 자신의 세상을 만들어가는 사람이라면 '왜?'라는 질문은 반드시 필요한 것이다. 주입식 교육은 질문이 정해져 있고, 답이 정해져 있다. 얼마나 숨이 막히고 창의적이지 못한 방법인가? 틀에서 찍혀 나오는 붕어빵에 불과하다.

석공들이 사용하는 정의 종류가 여러 개이듯이 질문의 종류 또한 여러 개다. 여섯 개의 질문이 그것이다. 육하원칙(六何原則)은 창의적으로 문제를 푸는 6가지 질문의 방식이다. 문제를 푸는 데 꼭 들어가야 할 6가지 요소를 말한다. 그 순서는 다음과 같다. 누가(Who), 언제(When), 어디서(Where), 무엇을(What), 어떻게(How), 왜(Why). 영어로는 단어의 머리글자를 따서 5W1H라고 한다.

육하원칙은 문제의 바위를 깨트리는 데 필요한 6가지 정이다. 지혜로운 부모는 이러한 6가지의 질문을 멈추지 않는다. 또한 아이가 질문을 하는 데 6가지 질문을 자유자재로 사용할 수 있도록 유도해야 한다. 6가지 질문은 아이가 살아가야 할 미지의 문을 열어가는 황금열쇠가 될 것이다. 창의력이 있는 아이는 질문이 끊어지지 않는다. 문제는 부모의 질문이다. 아이에게 질문을 한다는 것은 관심의 적극적 표현이다. 모든 생명은 관심을 받고 싶어 하는 본성이 있다. 봄이면 대지에 지천으로 꽃이 피어난다. 꽃은 벌과 나비에게

내 아이의 창의력을 키우는 비법

관심을 받기 위해 자태를 뽐낸다. 새가 아름다운 소리로 지저귀는 것도 관심을 받기 위해서이다. 아이에게 질문을 한다는 것은 아이에게 관심을 표현하는 것이다. 부모는 적절한 기회를 포착해서 아이에게 질문하는 습관을 가져야 한다. 주의해야 할 것은 긍정적 답변을 유도하는 질문이어야 한다는 것이다. 부정적 답변으로 귀결되기 쉬운 질문은 아이를 어둡게 만든다. 아이의 질문에 부모는 질문으로 답하는 것도 좋은 방법이다.

/ 질문이 많은 아이는 거울을 비춰주면 된다 /

질문 교수법으로 잘 알려진 역사적 현인은 소크라테스다. 소크라테스는 공자, 예수, 석가와 함께 세계 4대 성인으로 불린다. 소크라테스는 직접 남긴 책이 한 권도 없다. 단지 그의 수제자 플라톤의 저서에 자주 언급되었기 때문에 후세 사람들에게 그의 가르침이 전해지고 있다. 서양 철학의 계보가 소크라테스에서 시작되었다고 해도 과언이 아니다. 왜냐하면 영국의 철학자 화이트헤드는 "서양의 2,000년 철학은 모두 플라톤의 각주에 불과하다."라고 말했다. 소크라테스는 플라톤을 지도했고, 플라톤이 가장 존경한 사람이 소크라테스다. 아리스토텔레스는 플라톤의 제자이며, 정복 군주 알렉산더의 스승이었다. 알렉산더 대왕은 소크라테스의 증손 제자인 셈이다. 아리스토텔레스(Aristotles)는 물리학, 형이상학, 시, 생물학, 동물학, 논리학, 수사학, 정치, 윤리학, 도덕 등 다양한 주제로 책을 저술하였다. 소크라테스, 플라톤과 함께 고대 그리스의 가장 영향력 있는 학자였다. 그리스 철학이 현재의 서양 철학의 근본을 이루는 데 공헌하였다. 아리스토텔레스의 저술은 도덕과 미학, 논리와 과학, 정치와 형이상학을 포함하는 서양 철학의 포괄적인 체계를 최초로 구성하였다.

소크라테스(Socrates)는 기원전 470년경에 태어난 고대 그리스의 철학자이다. 석공의 아들로 태어나 젊었을 때는 생업으로 석공 일을 하였다. 소크라테스는 플라톤의 『대화편』에 자주 등장하는 주요 인물이다. 소크라테스는 남긴 저술이 없기 때문에 플라톤의 『대화편』에 있는 내용 중 무엇이 소크라테스의 것이고, 플라톤의 것인지에 대해 논쟁이 있었다. 하지만 플라톤이 소크라테스의 가르침의 영향을 많이 받았다는 것은 그의 저서를 통해 확연하게 알 수 있다.

소크라테스의 대화법은 학생들에게 질문을 통해 생각을 스스로 밖으로 끄집어내게 하는 교육법이다. 질문과 대화를 통해서 학생들의 사고를 더 자발적이고 정밀하도록 유도했다. 그래서 소크라테스의 대화법을 '산파적대화법'이라 부르기도 한다. 교사는 산파이고, 학생은 새로운 생명을 창조해내는 임산부인 것이다. 아기는 임산부가 품고 있으며, 아기는 그녀가 스스로의 힘으로 성장시켜야 할 대상이다. 산파가 아기를 대신 낳을 수는 없다. 산파는 임산부를 수용하고 응원하고 공감하여야 한다. 소크라테스의 교수법은 대

내 아이의 창의력을 키우는 비법

부분은 질문하고 대답하는 대화의 과정으로 이루어졌다. 소크라테스의 질문법을 이야기하는 이유는 석공의 정에 대한 비유 때문이다. 소크라테스가 젊은 시절, 한때 돌을 다루는 석공이어서 그의 질문 교수법이 생각났다. 질문이 바위를 깨는 정과 같다는 생각을 소크라테스도 하지 않았을까?

"아빠, 입 속에 권투 선수들이 천장에 매달고 치는 것처럼 생긴 게 뭐예요?"

"목젖이다. 듣고 보니 목젖이 펀치 볼처럼 생겼구나."

"목젖은 기능이 뭐예요?"

"글쎄, 코와 입의 경계? 식도와 입의 경계? 생리학적인 정확한 기능은 잘 모르겠다."

"그럼 목젖을 자르면 콧물이 입으로 들어오고, 침이 코로 들어가겠네요?"

"토할 때 목젖 건드리면 나오던데 그럼 토하지도 못하겠어요."

나는 평소 목젖의 기능을 한 번도 생각해보지 않았다. 특히나 권투장 천장에 매달린 펀치 볼과 닮았다는 생각은 더더욱 못 해본 사실이다. 아이의 이런 창의적 질문에 미소가 절로 나온다. 불교의 수행법 중에서 대표적인 법이 "이것이 무엇인고?"이다. 견성을 목적으로 용맹정진하는 스님들의 공부법이 질문법이다. 예수님이 최고 많이 쓰신 멘트는 "네가 원하는 것이 무엇이냐?"일 것이다. 찾아오는 대중과 제자들에게 가장 먼저 질문을 했던 것이다.

이집트의 피라미드를 지키는 스핑크스는 질문을 해서 맞추지 못하면 잡아먹었다. 스핑크스의 일화에는 진리에 대한 많은 비밀이 숨겨져 있다. 질문을 많이 해서 수업을 방해한 아인슈타인 같은 아이는 사고의 폭이 유연하지 못한 교사들에게는 감당하기 어려웠을 것이다. 질문이 많은 아이는 부모가 공감하고 거울을 비춰주면 된다. 하지만 질문이 없는 아이에게는 질문을 멈추지 않아야 한다. 질문은 바위를 쪼개는 정과 같다.

PART 4   /

내 아이의
창의력을 키우는
8가지 기술

01 / 아이의 호기심을 자극하라

/ 큰 인물들의 공통점은 치열한 호기심이다 /

인류에 큰 자취를 남긴 인물들의 공통점은 치열한 호기심이 있었다는 것이다. 그들은 어릴 때부터 호기심이 남달랐다. 아이의 미래를 성공으로 이끌려면 호기심을 자극해야 한다. 아프리카 탄자니아에서 침팬지를 연구하는 유인원학자 제인 구달(Jane Morris Goodall) 역시 그런 인물이다. 그녀는 어렸을 때 『닥터 두리틀』, 『타잔』을 읽고 야생과 동물에 대한 호기심이 충만했다. 그녀는 책을 읽고 나약하지 않은 자신이 될 수 있었다고 말했다. 게다가 이름부터도 타잔의 아내 제인이지 않은가.

제인의 어머니는 그녀의 밀림에 대한 호기심을 자극했다. 제인은 10세 때부터 아프리카에 가서 동물들과 살며 책을 쓰겠다는 꿈을 꾸었다. 그녀는 불과 23세의 나이에 가족, 친구들과 헤어져 케냐로 떠났다. 그리고 그 여정은 60년이 넘은 지금까지 계속되고 있다. 모두 그녀에게 엉뚱하다고 얘기할 때, 어머니는 그녀를 응원했다. 학위도 없고 아무것도 모르는 어린 나이에 호기심과 연필, 노트, 열정만 가지고 침팬지 연구를 시작했다. 그녀는 지금 이 시대 가장 유명한 동물학자이자 세계적인 환경운동가가 되었다. 빠르게 진행되고 있는 환경 파괴의 심각성에 대해 전 세계에 알리고 있다. 1980년대 말부터 그녀는 자연 보호와 환경 문제에 헌신하기 위해 자신의 과학적 업적조차 포기하고 1년에 300일 이상을 세계 곳곳을 다니며 강연과 캠페인을 진행하고 있다.

제인 구달은 1934년 영국 런던에서 태어났다. 어려서부터 동물을 무척 좋아해 지렁이를 침대 위에 올려놓는가 하면, 닭이 알 낳는 장면을 보기 위해 다섯 시간이나 닭장 안에서 기다리다가 가족들이 경찰에 실종 신고하는 소동도 있었다. 어려서부터 그녀는 아프리카 여행을 평생의 소원으로 삼았다. 대학에 가는 대신 비서 학교에 진학했다. '비서가 되면 세계 각지를 여행할 기회가 더 많아질 것'이라는 어머니의 권유 때문이었다. 1956년 5월, 친구인 클리오 옴은 제인을 케냐에 있는 자신의 농장에 초대하였다. 제인은 런던에서 하던 일을 그만두고 케냐행 뱃삯과 생활비를 벌기 위해서 웨이트리스로 일도 하였다. 한 달 남짓 케냐에 있는 친구의 농장에서 지내던 중이었다. 그 지역 주민이 제인 구달의 동물에 대한 관심이 남다르다는 것을 알아보고 루

내 아이의 창의력을 키우는 비법

이스 리키 박사를 소개해주었다. 그곳에서 생활하기 위한 자금도 필요했기 때문에 나이로비의 국립 자연사 박물관장이었던 루이스 리키를 찾아갔다. 루이스 리키는 그녀가 동물에 대한 관찰력이 뛰어나다는 것을 알아보고, 제인 구달을 조수로 채용했다. 친구의 초대로 아프리카의 케냐를 여행한 것이 그녀의 일생을 바꾼 계기가 되었다.

나이로비의 자연사박물관장 루이스 리키(1903~1972)는 영국인 선교사의 아들로 케냐에서 태어나, 키쿠유(Kikuyu)족과 함께 생활하고 성인식을 거쳤을 정도로 그곳의 말과 문화에 정통했다. 뛰어난 직관력을 지니고 학계의 인습과 체면에 얽매이지 않았던 고고학자 루이스는 아내인 메리 리키(1913~1996), 아들인 『오리진』의 저자 리처드 리키(1944~)와 함께 케냐의 올두바이 협곡에서 고인류의 화석을 발굴해 세계적인 명성을 얻은 인물이었다.

루이스 리키는 현존하는 생물 가운데 인류와 가장 가까운 침팬지, 고릴라, 오랑우탄 등의 대형 유인원에 관한 현장 연구가 필요하다고 생각하고 있었다. 그 동물들을 연구함으로써 선사시대 인류의 행동 양식에 대해 알 수 있으리라 생각했다. 제인 구달은 루이스 리키를 따라서 고고학자들이었던 직원들, 동료 조수 등과 함께 발굴 작업을 하였다. 그들로부터 자연에 대해 관찰하는 방법을 배우며 일을 하였다. 루이스가 침팬지 연구에 대해 제인 구달에게 제안을 했다. 제인은 이 연구를 해보겠다고 자원했다. 루이스는 자신의 연줄을 총동원해서 자금 지원에 나섰다. 주위에서는 학력도 경험도 없는 영국인 처녀가 혼자서 밀림에 들어간다는 사실에 어이없어했다. 루이스는 주위의 우려를 일축하고 물심양면으로 제인을 후원했다.

처음엔 침팬지가 난폭하고도 조심성이 많은지라 몇 개월 동안 모습을 감추었다. 제인은 매일매일 숲에 가서 침팬지를 찾아 결국은 침팬지들을 만나게 되었다. 침팬지 무리를 관찰하던 그녀는 차츰 그들을 이해하면서 새로운 사실들을 발견한다. 가장 중요한 발견은 침팬지가 도구를 사용한다는 사실이다. 그때까지 '오직 인간만이 도구를 사용할 수 있다'고 믿어왔는데 동물과 인간을 구분하는 관점을 근본적으로 바꾸는 계기가 되었다. 제인 구달은 침팬지의 행동 연구 분야에 대한 세계 최고 권위자로 꼽힌다. 그녀는 1960년 아프리카의 곰비 침팬지 보호구역에서 10여 년간 침팬지에 대한 연구를 했다.

제인 구달은 1965년 침팬지와 개코원숭이의 생태 연구를 위해 곰비 스트림 연구센터를 설립했다. 1975년에는 침팬지 등 야생동물 연구를 위해 제인 구달 연구소를 설립했다. 각지의 실험실과 동물원 등지를 방문해 그곳에 수용된 침팬지들의 권익 향상을 위해 노력한다. '뿌리와 죽음'이라는 이름으로 아동 대상 환경 보호 운동을 실시하였다. 그녀는 1996년부터 최근까지 여러 차례 대한민국을 방문하였다. 충남 서천 국립생태원에 가면 제인 구달의 탄

내 아이의 창의력을 키우는 비법

생 80년을 기념하는 '제인 구달 길(Jane Goodall's Way)'이 있다.

/ 제인 구달은 호기심 어린 소녀였다 /

"나는 세계가 안전해졌을 때에만 은퇴할 수 있다."

2020년 86세인 그녀의 말이다. 환경에 대한 관심이 높아지면서 세계적으로 친환경 의식이 높아지고 있다. 친환경 물품사용과 생활 방식이 자리를 잡고 있다. 그녀는 너무 늦기 전에 다음 세대를 위해, 환경을 위해 무엇인가 할 수 있다는 것을 몸소 실천하며 전파하고 있다. 영화 〈제인 구달〉은 그녀가 살아온 발자취를 묵묵히 따라가며 우리가 함께 살아가는 동물과 환경에 대한 관심을 촉구하는 그녀의 메시지를 전하고 있다. 현시대를 살아가는 사람들이 무심코 지나치고 있었던 환경에 대한 경각심도 일깨운다.

제인 구달은 세계의 지각 있는 스타들이 존경하는 현존 인물이다. 제인의 강연을 듣거나 그녀를 만난 사람들은 감동을 받아 눈물을 흘리기도 한다고 한다. 그녀는 마더 테레사 수녀와 비교되는 것을 좋아하지 않지만, 테레사 수녀에 비견될 만큼 자연과 동물에 헌신적인 분이다. 그녀를 만난 스타들이 남긴 말이다.

"몇 년 전 올림픽에서 유엔난민기구 일로 만났을 때 처음 뵀지만, 책을 읽어서 이미 오래전부터 알고 있었다. 늘 내게 영감을 주는 분이고 내 삶에 대한 생각이나 태도를 만들어가는 것에 도움이 되는 분이다. 그분을 처음 본 순간 반해버렸다." - 안젤리나 졸리

"딱 한 명을 짚어 말하긴 힘들지만 닮고 싶은 사람이 있다면 현명함과 강함을 동시에 지닌 제인 구달을 존경한다." - 나탈리 포트먼(그녀는 제65회 베니스영화제 인류애상 상금을 탄자니아 제인 구달 연구소에 전액 기부했다.)

"그녀는 이 지구가 얼마나 아름다운지 보여주면서, 또 얼마나 쉽게 다칠 수 있는지 알려준 사람이다." - 카메론 디아즈

나는 제인 구달의 인스타그램 팔로워다. 제인의 인스타그램 콘텐츠 중, 부상을 치료하고 방사하는 침팬지가 가다 말고 다시 돌아와 그녀를 포옹하는 장면을 보고 가슴이 뭉클했다. 제인은 침팬지와 소리로 소통하고 손과 몸짓으로 대화를 나눈다. 나는 그녀의 인스타그램에 업데이트되는 소식을 접하며 '좋아요'를 누르고 댓글을 남기며 그녀를 응원한다. 23살에 오직 호기심을 안고 아프리카 케냐로 떠난 소녀, 제인 구달. 그녀가 아이를 키우는 부모에게 던지는 메시지는 무엇일까? 분명한 것은, 그녀는 호기심 많은 소녀였고, 어머니는 그것을 자극하고 지지했다는 사실이다.

내 아이의 창의력을 키우는 비법

02 / 창의력을 두 배로 올려주는 질문의 기술

/ **질문에는 법칙이 있다** /

"선생님은 수업 전에 항상 기도해요."

"전능하신 하나님 아버지, 오늘 수업을 잘하게 해주시고…."

"그러면서 오늘은 선생님이 하나님은 안 보이고 말씀만 하신다고 했어요."

"제가 하나님은 입만 있냐고 물었어요."

"입도 없는데 어떻게 말씀하시는지 여쭤보지 그랬어?"

"근데요, 더 물으면 화낼 것 같은 썩소였어요."

"자꾸 물으면요. 밖으로 나가서 손들고 있으라고 해요."

"○○ 선생님은요. 학부모 있는 데서는 천사같이 굴어요."

"우리 앞에서는 온갖 트집 잡아서 꼬집고 손등이나 발바닥, 짜증나는 곳만 골라서 때려요."

아이는 나와 같이 있을 때면 쉴 새 없이 질문을 한다. 오늘은 학교에서 기도하는 선생님께 질문을 했단다. 보이지 않는 하나님이라는 대목에서 참지 못하고 기도 중에 "입도 없는데 어떻게 말씀을 하시냐?"라고 물었단다. 아이의 질문은 늘 본질적이었다. 어른은 부끄러워 쉽게 하지 못하는 질문들을 쏟아낸다. 벌거벗은 임금님 우화처럼. 잠이 왜 오는 건지, 바람은 눈에 보이지 않는데 어디서 불어오는지, 하늘은 왜 파란지, 사람의 피부색은 왜 다른지, 카멜레온이 유리 옆에서는 투명으로 변할 수 있는지, 흑인들은 검은색을 살색이라 부르는지, 계피차는 개의 피로 만드는지, 오스트레일리아가 육지인지, 섬인지, 하나님은 표준말을 쓰시는지, 사투리도 하시는지, 예수님의 아버지가 요셉이니 하나님의 이름이 요셉인지.

학교에서 제한된 시간에 예기치 못한 질문을 쏟아내는 아이에게 일일이 답해주기는 쉽지 않다. 다만 엉뚱한 질문을 한다는 이유로 복도에서 손들고 벌을 세운 일은 아쉬움이 많다. '수업을 마친 후 따로 불러서 대화를 했다면 얼마나 좋을까?' 하는 아쉬움이 남는다.

"아빠, 요셉이 누구예요?"

"예수님 아버지야. 엄마의 이름은 마리아야."

"그럼 하느님 이름이 요셉이에요?"

"그게 아니라 예수가 인간으로 태어날 때 목수였던 요셉이라는 사람의 아들로 태어났기 때문에 예수의 아버지라는 거야."

내 아이의 창의력을 키우는 비법

"요셉이 예수님 아빠였네요. 근데요. 제 친구 이름 중에 요셉이 있어요. 요나단도 있고요."

아이가 다니던 중학교는 미션스쿨이었다. 아이의 잦은 질문 덕분에 성경도 읽어보고, 신앙 관련 책을 적지 않게 읽었다. 아이가 미션스쿨에서 궁금증을 풀지 못한 것은 온전히 나의 몫이었다. 친구들 이름이 성경에 나오는 인물의 이름으로 지어진 것이 재미있단다.

질문에는 법칙이 있다. 특히 아이들에게 질문하는 것은 백지 위에 첫 물감을 떨어트리는 것과 같아서 주의가 필요하다. 질문이 좋아야 과정도 유쾌하고, 답도 밝은 깨달음으로 얻어간다. 질문은 아이에게 긍정적인 방향으로 잡아야 한다. 예를 들면 "문제를 쉽게 푸는 방법이 무엇일까?"와 "이 문제는 왜 이렇게 안 풀리지?"는 무엇이 다른가? 미세한 차이지만 백지 위에서는 밝은색과 어두운색으로 나누어진다. 앞의 것은 긍정적이며 적극적으로 문제를 해결하려는 질문이다. 뒤의 것은 부정적이며 방어적인 질문 방식이다. 일이 잘 안 풀리거나 힘든 순간이 오면 자신도 모르게 부정적인 질문을 던진다. 나는 아이와 '콩콩팥팥'이란 말을 종종 한다. 아이들과 집에서 쓰는 말인데, 당연하다는 뜻으로 '콩콩팥팥'을 외친다. '콩 심은 데 콩이 나고, 팥 심은 데 팥이 난다'는 뜻이다. 부정적인 질문은 부정적인 생각을 끌어낸다. 부정적인 질문은 '안 되는구나, 힘들구나, 될 수가 없다'로 유도되고 스스로 한계를 지어버리는 결과를 가져온다. 긍정과 부정의 질문법은 시작이 미세하지만 나중의 차이는 실로 엄청나다. 마치 산꼭대기에서는 옆 능선과의 거리가 한 발짝도 안 되지만 선택에 따라서 평지에 도착하면 시·도 경계가 달라지는 것과 같다. 문제의 본질을 파악하기 위해서는 긍정적인 질문을 던져야 한다. 긍정적인 질문은 문제의 해결 방법을 유쾌하게 찾게 해준다.

/ 대답이 아니라 질문으로 판단하라 /

질문을 긍정으로 바꾸는 것만으로도 아이의 등굣길에 새롭고 의욕 충만한 기분을 만든다.

'오늘은 어떤 일이 나를 기다리고 있을까?'

긍정적인 질문을 습관화하면 아이의 행복 지수가 올라간다. 부모와 아이가 긍정의 질문을 던지기 시작하면 이미 두뇌는 삶을 더 행복하게 만드는 방법을 찾아내기 시작한다.

"대답이 아니라 질문으로 사람을 판단하라."

- 프랑수아 마리 아루에(François-Marie Arouet)

내 아이의 창의력을 키우는 비법

이렇게 멋진 말을 남긴 프랑수아는 누구인가? 프랑수아 마리 아루에는 필명인 볼테르(Voltaire)로 널리 알려진 프랑스의 계몽주의 작가이다. 역사가이기도 한 볼테르는 프랑스 계몽기의 대표적 철학자로 꼽힌다. 볼테르는 프랑스의 지성사에서 위대한 인물로 꼽힌다. 당시 유럽의 지성인들에게 많은 영향을 끼쳤다. 마틴 루터에 의해 시작된 종교개혁은 1517년을 기준으로 삼는다. 볼테르는 1694년에 태어났으니 150년이 훨씬 지났지만 유럽은 아직 종교의 테두리에서 벗어나지 못한 상황이었다. 그는 전제적인 로마 가톨릭교회에 맞서서 평생을 투쟁했다. 그는 종교의 자유 없이는 인류의 발전도, 문명의 진보도 있을 수 없다고 주장했다. 다양한 장르를 넘나드는 그의 저서 속에는 당대의 지배적 교회 권력이었던 로마 가톨릭교회에 대한 비판이 꾸준히 등장한다.

볼테르의 말대로 '누가 어떤 질문을 하느냐?'를 보면 그 사람이 보인다. 앞서 말했듯이 긍정의 질문을 하는 사람은 생활도 밝고 진취적이다. 아이 때부터 긍정의 질문 습관을 해왔다면 그의 주변은 늘 밝다. "이것을 해주실 수 있으세요?"와 "이것을 해주면 안 돼요?"는 같은 내용이지만 방법이 매우 다르다. 아이들은 앞의 질문을 선택해야 한다. 주변을 살펴보길 바란다. 매사에 부정적인 사람은 삐딱하게 질문을 한다. 예를 들어 생선을 좋아하느냐고 묻는 것도 "생선을 별로 좋아하지 않지요?"라고 묻는다. 그들은 사람과의 관계에서 선을 무례하게 넘나든다. 꼬치꼬치 캐묻는 수사관 기질을 가진 사람들은 거의 부정적 질문을 일삼는다. 의식이 자신의 행복에 집중되어 있지 않고, 주변을 살피기 바쁘다. 볼테르의 명언 '질문으로 사람을 판단하라'는 말에 100% 공감한다.

"무지한 사람은 말을 하며 지혜로운 사람은 질문하며 이를 반영한다."
- 아리스토텔레스

질문은 아이를 지혜로운 사람으로 만든다. 지혜는 창의력의 다른 이름이라고 해도 과언이 아니다. 하지만 질문에는 기술이 필요하다. 긍정의 질문은 긍정의 결과를 가져온다. 부정의 질문은 어두운 결과를 가져온다. 같은 질문이라도 결과는 많은 차이가 있다. 아리스토텔레스가 말한 질문 역시 지혜를 여는 열쇠임을 확인시켜준다. 그의 스승 플라톤도 그러했고, 플라톤이 제일 존경했던 소크라테스도 질문법으로 제자들의 지혜를 일깨웠다. 긍정의 질문법은 아이의 창의력을 두 배로 올려주는 기술이다.

내 아이의 창의력을 키우는 비법

03 / 부모의 공감능력이 아이의 창의력을 키운다

/ 공감 능력이란 맞장구를 치는 능력이다 /

"아빠, 오늘은 토요일이라 수업 마치고 친구들과 놀다 올게요. 5명이 게임을 해서 걸린 애들이 3명인데 오늘 실행하는 날이에요."

"무슨 게임을 했는데?"

"가위바위보요."

"간단한 게임이구나. 진 사람 벌칙은?"

"삭발하기로 했어요."

"기발한 게임이다. 재미있네."

"저랑 친구 한 명은 이겼고, 나머지 3명이 오늘 삭발하러 같이 가요."

공감을 우리말로 맞장구라고 한다. 공감 능력이란 맞장구를 잘 치는 능력이다. 사람은 누구나 자신의 말이나 행동에 동조를 구한다. 아이 때에 부모의 공감 능력이 아이에게 많은 영향을 미친다. 판소리에 추임새를 하듯이 '좋지, 허이, 잘한다, 그렇지, 얼씨구' 하는 것과 같다. 판소리를 하는 사람에게 이런 추임새가 없으면 신명이 나지 않아 소리가 힘들어진다. 아이의 의견이나 행위에 맞장구를 놓으면 아이는 힘이 절로 난다. 부모의 공감은 자신의 생각이 옳다는 것이므로 아이는 앞으로 더 나아간다. 아이들에게 잘한다고 추임새를 넣으면 하던 일도 더 잘한다. 아이의 생각이 긍정과 즐거움으로 힘을 받으면 창의력은 절로 자란다.

나의 아이는 삭발을 해본 경험이 없었다. 친구들과 함께 삭발에 호기심이 있었나 보다. 아이들은 이때 이러고 놀아야 정상이다. 삭발은 학교에서 교칙으로 금지할 수도 있지만 장난기와 호기심이 뒤섞인 이런 게임은 그 시절의 재미다. 나는 게임에서 패해 아이가 삭발을 한다고 해도 맞장구를 쳤을 것이다. 아이가 해보지 못한 것을 하려 할 때는 치명적이지 않은 이상 지원하고 격려해야 한다. 가보지 않은 길을 가봐야 하기 때문이다.

"친구들끼리 같이 삭발하면 재미있겠다. 그러나 그건 학교에 반항하는 거야."

"친구들과 추억 만들려고 그래요."

내 아이의 창의력을 키우는 비법

"이번 한 번만 할게요."

"그래. 이번만 하고 그러지 않았으면 좋겠다."

"오늘 너무 기대돼요."

아이들은 추억 만들기를 하느라 여러 가지 모의를 한다. 나는 그때마다 아이들 편에 섰기 때문에 아이들은 나를 형처럼 따른다. 평소에 부모가 아이들의 의견에 공감하기보다 꾸짖고 윽박지르면 아이들은 삭발 게임처럼 학칙에 어긋나는 일은 절대 침묵한다. 부모에게 말하지 않고도 뒤에서는 할 것은 다 하고 다니는 시절이다. 나는 20대의 군대 시절 선임병에 대한 반항으로 삭발한 적이 있다. 삭발은 군 생활 규칙에 어긋나는 것이었다. 삭발한 나의 모습은 건들면 터지는 불붙은 다이너마이트와 같았다. 다행히 위기의 순간을 잘 넘겨서 추억이 되었다. 아이의 삭발 게임 이야기를 들으니 아이나 아빠나 삭발의 추억은 제대로 만든 것 같았다. 나는 친구들과 삭발 후 맛있는 거 사 먹으라고 아이에게 용돈을 두둑하게 주었다.

/ 아이들은 자신만의 재능을 가지고 왔다 /

호기심과 부모의 공감으로 창의력을 깨운 예를 스티브 잡스에서 찾아보았다. 어린 시절 스티브는 여느 아이와 다름없이 텔레비전과 자전거에 푹 빠져 있었다. 그러나 그는 유독 호기심이 많은 아이였다. 주변에 있는 낯선 물건을 보면 가만두지 않았다. 그중에도 아이의 마음을 사로잡은 것은 기계의 구조와 작동 원리였다. 새로운 기계를 보면 분해해서 관찰하고, 다시 조립하기를 좋아했다. 대부분 망가뜨렸지만 그의 부모는 꾸중하지 않았다. 아버지 폴 잡스는 아들이 기계의 작동 원리에 대해 남다른 호기심이 있다는 것을 알고 나서는 주말마다 그에게 여러 가지 기계를 만들고 조립하는 법을 가르쳐주었다. 그 후 새로 이사한 지역이 오늘날 미국의 최첨단 벤처 산업의 심장부로 불리는 실리콘밸리였다. 이웃에는 휴렛팩커드처럼 이름만 들어도 알 수 있는 유명한 전자 회사에 다니는 엔지니어들이 많이 살고 있었다. 그들은 주말이면 차고에서 작업대를 설치해놓고 무언가를 제작하고 조립하며 시간을 보냈다. 스티브 잡스에게는 그들의 그런 모습이 더없이 좋은 구경거리가 되었다. 그는 자전거를 타고 이곳저곳을 기웃거리며 이웃의 엔지니어들에게 부품에 대한 설명도 듣고 전자 제품을 만들고 조립하는 방법도 배웠다. 이런 경험을 통해 스티브는 아무리 복잡한 기계도 결국 사람의 아이디어에서 나와 사람의 손으로 만든 것에 불과하다는 사실을 깨우치게 된다. 이런 깨우침으로 강한 자신감이 생기게 된 것이다.

학교생활에 흥미를 느낄 수 없었던 스티브 잡스는 우연한 기회에 미국국립항공우주국(NASA) 연구소에서 컴퓨터를 만나게 된다. 집에서 가까운 곳에 있는 NASA 연구소에서 만난 컴퓨터에 완전히 매료되고 말았다. 그 컴퓨터는 비록 중앙 컴퓨터에 연결된 단말기였지만 스티브를 매료시키기엔 충분

내 아이의 창의력을 키우는 비법

했다. 그는 학교생활에 적응 못 하는 외톨이였지만 전자 기기에 대한 열정은 남달랐다. 그의 아버지 폴 잡스는 늘 스티브를 지켜보며, 그의 관심과 의견에 공감해주었다. 그 열정이 고스란히 컴퓨터로 이어진 것이다. 그는 남들이 컴퓨터의 존재조차 알지 못했을 때 이미 컴퓨터가 미래의 가장 중요한 수단이 되리라 짐작하고 자신만의 꿈을 키웠다. 아버지의 배려로 실리콘밸리로 이사를 온 것은 스티브 인생에 큰 전환점이 되었다. 실리콘밸리의 젊은 엔지니어들이 모여 사는 주변 환경 덕분에 다른 아이들보다 훨씬 일찍 컴퓨터를 접할 수 있었다. 어린 스티브는 자신이 하고 싶은 일이 무엇인지를 알게 되었다.

스티브의 아버지 폴 잡스는 양아버지였다. 그러나 그는 스티브의 모습에 늘 관심을 갖고, 그의 의견을 귀담아들었다. 학교 공부가 뒷전인 어린 스티브를 공부하라고 닦달하지 않았다. 스티브 잡스의 성공 비결은 학교에서 익힌 것이 아니다. 부모가 그의 의견에 공감하고 실리콘밸리로 이사를 했던 것이 큰 계기가 되었다. 스티브는 자신이 좋아하는 것이 무엇인지 분명히 알았다. 그는 학교 공부와 거리가 먼 것에 주눅 들지 않았다. 청년이 된 스티브는 입양아라는 자기 정체성에 많은 혼란을 느꼈다. 그래서 무작정 인도로 떠났다. 인도의 전통 의상을 입고 탁발승처럼 동냥을 하며 여행을 했다.

여행에서 자기의 정체성을 찾은 스티브는 미국으로 돌아왔다. 그 후부터 그는 주위 환경에 좌우되거나 다른 사람의 말을 따르기보다는 자신의 존재를 분명히 인식했다. 자기 마음과 직관이 이끄는 대로 살아야 한다는 것을 알게 되었다. 스티브는 자기 내면의 소리에 귀를 기울일 줄 아는 사람으로 변해 있었다.

주입식 교육을 받는 많은 10대가 혼란을 느끼고 방황한다. 그러나 부모는 아이가 자신의 정체성을 찾는 계기를 마련해주기는커녕 다른 아이와 비교하며 닦달한다. 공부 잘하는 아이처럼 똑같이 공부하여 좋은 성적을 내라고 밀어붙인다. 오늘날 10대들의 신세는 안팎으로 압력과 부담에 위축된 샌드위치나 다름없다. 내면적으로 자기 정체성을 정립하지 못한 아이들에게 공부가 즐거울 리 없다. 나는 아이들이 자신만의 재능을 가지고 왔다고 믿는다. 학교 공부도 중요하지만 그보다 더 중요한 일은 아이들이 하고 싶은 것, 되고 싶은 것이 무엇인지 아는 것이다. 그리고 대화를 꾸준히 하면서 아이들의 의견에 공감하는 것이 중요하다. 현명한 부모는 아이를 학교와 학원으로 내모는 것이 아니라 어떤 식으로든 아이에게 자신을 돌아볼 여유를 주어야한다. 아이가 자신의 내면과 만날 기회를 마련해주어야 한다.

내 아이의 창의력을 키우는 비법

04 / 아이의 꿈과 욕망을 지지하고 칭찬하라

/ 욕망은 아름답고 자연스러운 것이다 /

"아빠, 요즘은 고추가 자주 서서 성가셔요."

"그건 어른이 되려는 거니까 좋은 거야."

"어른들은 날마다 이렇게 서 있어요."

"꼭 그런 것만은 아닌데 사람마다 달라."

"근데 왜 서는 거예요?"

"자기를 닮은 생명을 만들려고 서는 거야."

"근데 저는 아침에 서고, 맛있는 것 보면 서요."

"아침은 이해가 가는데, 맛있는데 서는 것은 좀 독특하구나. 몸이 아직 성욕과 식욕, 구분을 못 하는가 보네."

"성욕이 뭐예요?"

"짝짓기를 하고 싶어서 준비 동작으로 고추가 일어서는 거야. 사춘기가 되면서 어른이 되는 과정이란다."

"사춘기는 왜 사춘기라고 해요?"

"남자는 여자를, 여자는 남자를 생각하는 때를 사춘기라고 한다."

"저는 여자 생각 안 하고 맛있는 거 볼 때 고추가 서는데요?"

"예쁜 여자 생각에 서면 성욕이고, 맛있는 것 생각에 서면 식욕이다."

아이의 성장이 빨라졌다. 먹성이 좋은 아이는 닥치는 대로 먹어댔다. 금방 먹고 뒤돌아서면 다시 먹을 것을 찾았다. 이렇게 잘 먹어대니 티셔츠를 입으면 배꼽이 보였다. 형이 배꼽 동자라고 별명을 만들어 부를 정도로 잘 먹었다. 아내는 살이 너무 많이 찌면 어떻게 하냐고 걱정했지만 내 생각은 달랐다. 찐 살은 나중에 키로 갈 것이니 걱정을 말라고 안심을 시켰다. 나는 아침에 잠을 깨울 때 아이들의 다리를 주물러서 깨웠다. 아침에 아이의 다리를 주물러 잠 깨우는 것은 여러 가지 장점이 있다. 아이와 스킨십으로 교감을 하는 것이 첫 번째이고, 대화를 할 수 있는 시간을 갖는 것이 두 번째 장점이다. 세 번째 장점은 아이의 성장판을 자극해서 키가 자라는 데 도움이 되는 것이다. 네 번째는 잠에서 어렵지 않게 깨어나는 것이다. 그 결과 아이들은 지금 북유럽인의 평균 키 180cm보다 훨씬 크다.

아이의 몸이 자라면서 성욕이 왕성한 때가 되었다. 아이의 몸은 식욕과 성

내 아이의 창의력을 키우는 비법

욕의 경계가 모호한가 보다. 나는 겪어보지 못한 경험인데 아이는 독특했다. 식욕은 물론, 성욕은 자연스런 생존의 본능이다. 자연에 존재하는 미물인 곤충부터 식물이나 동물이 존재하는 이유는 짝짓기의 본능에서 출발한다. 어찌 보면 식욕은 성욕을 목적으로 두는 것이라고 해도 과언이 아니라고 생각한다. 성욕은 세대를 이어 생존의 항상성을 유지하려는 자연의 마음이다. 대자연의 절대 진리인데 인간은 아이러니하게도 부끄러움을 갖는다. 아이와 사람의 욕망에 대한 이야기를 많이 나누었다. 욕망은 자연스럽고 아름다운 것이며 살아 있는 생명의 에너지라고 이야기했다. 성욕은 부끄럽고 분명 잘못된 것이 아니다. 오히려 아름답고 숭고한 것인데도 부모들은 이런 내용에 대해 아이와 자연스럽게 대화하기를 어려워한다.

"어떤 것이 진짜 행복인가요?"

"욕심을 억누르고 착한 행동을 하는 것이란다. 이때 느끼는 즐거움이야말로 진짜 행복이지."

아리스토텔레스와 그의 아들 니코마코스가 산책을 하면서 나눈 이야기다. 정복 군주 알렉산더 대왕의 스승이었던 그는 알렉산더가 비명에 죽자 아테네에서 칼키스로 피신을 했다. 아리스토텔레스는 새롭게 정권을 잡은 사람들의 제거 대상이었다. 아들과 칼키스에서 산책하며 나눈 이 이야기는 지금까지 많은 사람들에게 전해진다. 나는 이 이야기에 많은 우려를 갖는다. 한

편으로는 맞지만, 다른 면은 틀린 말이다. 무분별하게 받아들인 잘못된 사상은 아이의 평생에 나쁜 영향을 미친다. 이 내용은 몹시 위험한 발상이다. 욕심에 대해 먼저 정의해야겠지만 모든 생명은 욕망의 존재이다. 문명의 발전과 사회의 번성도 욕망으로 시작된 것이다. 물론 아리스토텔레스는 내면의 평화와 행복에 초점을 맞춘 이야기지만 욕망을 억누른다는 이 대목이 위험한 코드이다.

/ 욕망의 3법칙을 코딩하라 /

아이의 욕망은 지지와 칭찬을 받아야 하는 것이다. 도덕과 윤리, 사회의 규범을 배우기 이전에 생명 에너지인 아이의 욕망을 찬양해야 한다. 욕망은 억누르면 스프링과 같아서 더 튀어 오른다. 자신의 욕망이 잘못된 것이라 착각을 할 수 있다. 욕망이 구체화되는 것이 꿈이다. 사람들은 누구나 '행복한 사람, 풍요로운 사람, 성공한 사람'을 꿈꾼다. 가난을 꿈꾸는 사람은 없다. 물론 청빈의 삶을 지향하는 사람도 있지만, 그것은 논외의 이야기다. 아이들의 욕구는 어른보다 더 근원적이고 절대적이다. 선과 악의 구분이 아직 모호한 아이들 욕망의 세계를 들여다볼 수 있는 좋은 일화가 있다.

"사랑하는 예수님, 저는 빨간색 자전거가 정말 갖고 싶어요. 엄마는 열심히 기도하면 예수님이 꼭 그것을 주신다고 말씀하셨어요. 제발 제게 그 자전거

　　　　　　　　　　내 아이의 창의력을 키우는 비법

를 주세요."

다음 날이 되었지만 그 자전거는 없었다. 아이는 등교 길에 벽난로 위에 있는 성모 마리아 상을 자기 가방 속에 넣었다. 학교에 도착하자 성모상을 꺼내어 자기 사물함에 넣고는 자물쇠를 채워버렸다. 밤이 되어 잠자리에 들기 전에 그 아이는 다시 무릎을 꿇고 간절히 기도했다.

"사랑하는 예수님, 만약 당신이 어머니를 다시 만나고 싶다면…."

사람은 어린아이나 어른이나 모두 욕망의 존재이다. 그리고 어떻게 해서든지 욕망을 이루려고 노력한다. 그 욕망이 '자신과 사회에 이로운가? 남에게 피해가 가지 않는가?'를 살펴야 하지만 욕망 자체가 억누르는 대상이 되어서는 안 된다. 인생에서 성공은 머리가 좋고 나쁨의 문제보다는 마음가짐에 달려 있다. 마음가짐은 '성실하라', '정직하라', '근면하라' 등의 도덕적인 가르침과는 분명히 별개의 것이다. 우리는 주변에 온순하고 정직하고 근면하게 살았지만 하루도 편할 날 없이 고생하다가 죽은 사람들을 볼 수 있다. 인품이 좋다고 해서 반드시 성공하고 행복하게 사는 것이 아니다. 중고등학교 시절에 전 과목을 100점을 맞고 신동이라 불리던 친구가 반드시 성공하고 행복하게 사는 것이 아니다. 성공의 비결은 자신의 욕망과 꿈에 집중하는 데 있다.

나는 아이의 욕망을 부추기고 칭찬한다. 욕망이 구체화되고 미래의 것이 되면 꿈이 된다. 욕망은 아름다운 것이다. 아이가 성욕이 뭔지 물어봤을 때 '엄마가 너를 낳은 것이 성욕 덕분'이라고 설명하자 너무나 기뻐했다. 성욕은 여자도 똑같은 마음이고, 예쁜 여자를 보면 마음이 설레고 기쁜 것은 아주 자연스럽고 아름다운 것이라고 얘기해주었다. 성욕뿐만 아니라 욕망의 모든 면이 자연스럽고 아름다운 것이다. 성공한 사람들을 찾아 그들의 사례를 연구한 성공학의 대가들이 공통적으로 하는 말이 있다.

성공한 사람들은 인생의 어두운 면보다 밝은 면을 보았다. 그들은 자신의 욕망이 무엇인지 구체적이고 분명했다. 자신의 그 마음을 의심하지 않고 그들의 꿈을 이루었다. 내가 내린 결론은 아이에게 욕망의 3법칙을 코딩해야 한다는 것이다. 나는 그것을 '3D'라고 부른다. '3가지 Dream' 또는 '3가지 Desire'이다. 아이가 성공한 사람이 되기 바라면 아이의 꿈과 욕망을 지지하고 칭찬해야 한다.

1. 갖고 싶은 것
2. 되고 싶은 것
3. 하고 싶은 것

내 아이의 창의력을 키우는 비법

05 / 아이가 무엇을 상상하는지 관심을 기울여라

/ 사람은 생긴 대로 살아간다 /

"아빠, 만화 『꼴』이 너무 재미있어요."

"관상은 정말 맞는 것 같아요."

"꼴값한다는 말이 있잖아. 세모는 세모 꼴값, 네모는 네모 꼴값을 한다."

"코끼리는 코끼리 꼴값을 하겠죠?"

"그렇지. 송곳은 송곳의 꼴값을 하고, 망치는 망치의 꼴값을 한다."

아이가 허영만 씨의 만화 『꼴』을 흥미롭게 봤다. 아이는 통찰력을 타고 났다. 내가 보지 못하는 부분까지 들여다본다. 나는 대학 시절 『마의상법』을 독학했다. 사람은 생긴 대로 살아간다는 생각에 사람 얼굴을 보고 판단하는 기준을 알고 싶었다. 그 후 오랜 시간이 지나 관상 만화 『꼴』을 보았다.

『꼴』은 허영만이 2005년에 출간한 관상을 다룬 만화이다. 내용은 관상학 전반을 다루고 있다. 특히 마의상법을 참고하여 다룬다. 2005년부터 2008년까지 연재한 만화인데 인기를 끌었던 작품이다. 만화 『꼴』은 우리나라 관상의 대가인 신기원 선생이 감수를 했다. 만화가 허영만은 신기원 선생의 관상학 제자인 셈이다. 그림의 고수는 매의 눈으로 핵심을 그린다. 대가에게 배워 관상을 그림으로 그렸으니 만화 『꼴』은 사실, 대단한 책이다. 만화 『꼴』은 두 고수가 만나 탄생한 관상 교과서나 다름이 없다.

신기원 선생은 만화 『꼴』에 나오는 캐릭터 그대로다. 콧등에 앉은 안경 너머의 눈으로 상대방을 살피면서 상리를 평하실 때면 만화에 나오는 모습과 똑같다. 나는 운이 좋게도 신기원 선생과 인연이 되어 마의상법을 전수받았다. 대학 시절 책으로만 어렴풋하게 알았던 것이 대가를 만나 조금은 눈을 뜨는 계기가 되었다. 신기원 선생은 공부를 마치고 제자들과 막걸리를 즐기셨다. 막걸리 한잔이 들어가면 관상의 진수들이 쏟아졌다. 정재계 인사들의 관상을 두루 꿰고 있었다. 누구인지 이름만 대면 1초도 머뭇거림이 없이 쏟아내시는 분이다. 그분은 에둘러 말하지 않는다. 대박이면 대박, 쪽박이면 쪽박이라 말을 한다. 선생님도 오래전부터 친분이 있었던 내가 아는 분의 상을 여쭤보았다.

"그 사람은 괴상이야. 괴이한 행동을 하는 상이지, 그런 상은 오래 살지 못

내 아이의 창의력을 키우는 비법

한다. 미안하지만 그 사람은 앞으로 몇 년을 살지 못한다."

거침없는 선생님의 말씀에 나는 약간 당황했다. 그 후 얼마 지나지 않아 괴상의 주인공은 특별한 사유 없이 죽었다. 참으로 놀라운 일이었다.

신기원 선생은 경북 문경에서 한약방 아들로 태어났으나 가업을 이어받지는 않았다. 선친은 가업을 받기를 원했으나, 그는 전국을 주유하면서 공부를 하고 싶어 했다. 직업도 여러 가지를 전전하며 세상 공부를 두루 하셨다. 산전수전을 웬만큼 겪고 나서 관상이 본인에게 제일 잘 맞아 관상연구소를 열고 전업을 했다고 한다.

"아빠, 관상은 너무 재미있어요."

"앞으로 지도자가 되려면 사람을 알아야 하는데 관상학은 필수과목이다."

"겪어서 아는 것은 누구나 아는 것인데 겪지 않고 상을 봐서 미리 아는 것이 지혜다."

"그래야 할 것 같아요. 『꼴』 만화로 기본을 잘 익혀둬야겠어요."

"그래, 관상이 전부는 아니지만 지도자 필수과목이니 잘 공부해둬라."

아이는 어른이 되면 지도자가 되겠다고 했다. 첫 번째 목표는 돈을 많이 벌어 큰 부자가 되는 것이고, 두 번째는 정치도 해보고 싶다고 했다. 나는 아이가 돈과 정치를 이야기하는 것이 재미있으면서도 기특했다. 내가 어릴 때는 아무 생각 없이 놀기에 바빴는데 아이는 벌써 미래를 설계하는 게 나는 좋았다. 나는 아이의 의견을 지지하고 칭찬했다. 아이는 자신의 미래를 생각하면 기대되고 설렌다고 들떠서 이야기했다.

"아빠, 만화는 쉽고 재미있는데 못 보게 하는 어른들은 이해가 안 가요."

"그러게 말이다. 아빠도 어릴 때 만화 본 것이 지금까지 기억난다."

"관상 만화 『꼴』을 만든 분은 누구세요?"

"허영만 선생인데 유명한 분이시지, 아빠는 그분 팬이다."

"다른 건 뭐 지으셨는데요?"

"『날아라 슈퍼보드』"

"와우, 저 그 만화 엄청 좋아하는데!"

"중국의 『서유기』를 어린이 눈높이에 맞추어서 재구성한 만화다."

"멋진 작품이지. 『서유기』는 책꽂이에 있으니 읽어봐라."

"아빠는 제가 만화 보는 것 괜찮으세요?"

"당연하지, 바주카포 쏘는 저팔계, 짐칸에 타고 다니며 뿅망치 쓰는 사오정. 얼마나 재미있고 기발하냐?"

/ 어릴 때의 계기가 평생의 운명을 만들기도 한다 /

나의 학창 시절에는 선생님이 책가방 검사를 하여 만화가 있으면 100% 압

내 아이의 창의력을 키우는 비법

수였고, 손을 들고 벌을 서든지 체벌을 받았다. 지금은 만화에 대한 인식이 달라졌지만 10여 년 전까지만 해도 아이들이 많이 보면 안 되는 것으로 인식되어 있었다. 우리에게도 이런 시절이 있었으니 지금 아이들이 생각하면 전설 같은 이야기다. 만화는 아이들에게 훌륭한 교육 자료다. 말로 하는 것보다 시각화되어 생생하게 인식이 되기 때문이다. 내가 어릴 때 학교에서 공부하던 것은 기억에 없지만 몰래 보던 만화는 기억에 남아 있다. 나의 어린 시절은 시골에서 산천을 돌아다닌 기억이 가장 많다. TV는 동네 이장님 댁이나 한두 집만 있었지 흔하지 않았다. 영화관은 도회지로 나가야지만 볼 수 있는 꿈의 공간이었다. 〈전설의 고향〉이나 프로 레슬링을 하는 날이면 온 동네 사람들이 이장 집에 모여 TV를 보았다.

만화방은 아이들이 가고 싶어 하는 1순위였다. 그곳은 TV도 있어서 토요일이면 〈타잔〉을 볼 수 있었다. 만화방 주인은 만화를 보면 TV를 보게 해주었다. 아이들은 토요일이면 어떻게 해서든 돈을 마련해 만화방 앞에서 좋은 자리를 차지하기 위해 줄을 섰다. 만화를 몇 권 이상 보면 TV가 있는 방에 들어가 〈타잔〉을 봤다. 현존하는 최고의 동물학자이며 환경운동가인 '제인 구달' 여사는 어린 시절 『타잔』을 읽으며 아프리카 밀림을 꿈꾸었다고 한다. 20대의 나이에 아프리카의 케냐로 가게 된 계기가 소설 『타잔』이었다. 공교롭게도 그녀의 이름은 타잔의 아내인 제인이다. 제인 구달처럼 어릴 때의 계기가 평생의 운명을 만들기도 한다.

아이들은 만화나 애니메이션으로 많은 동기 부여를 받는다. 하지만 부모들은 아이들이 학교에서 하는 과목 공부 외에 만화를 보는 것을 좋아하지 않았다. 물론 요즘은 많이 바뀌었지만 말이다. 그건 고정관념이고 아이들 입장에서는 전혀 생각을 하지 않는 것이다.

내 아이는 지도자를 꿈꾸며 관상만화 『꼴』을 탐독했다. 나는 사람을 보는 '관인학(觀人學)'에 관심이 많았다. 관상은 관인학의 일부분이긴 하지만 중요한 부분이다. 다행히도 아이가 흥미를 가져서 마음껏 볼 수 있게 했다. 아이는 한동안 『꼴』 만화책을 옆에 끼고 살았다. 전체 10권으로 되어 있는 책을 수차례 탐독했을 것이다. 아이는 지금 외국에서 대학을 다닌다. 아이의 전공이 국제경영이다. 세계 각국의 젊은 아이들이 모여 함께 공부한다. 아이는 공부도 공부지만 친구들과 어울리는 재미에 푹 빠져 있다. 아이의 말에 따르면 관상이 동서양의 모든 사람에게 적용된다고 했다. 아이는 '송곳은 송곳의 꼴값을 하고, 망치는 망치의 꼴값을 한다.'라고 말했다. 어릴 때 내가 해준 말인데 청년이 된 아이에게 들으니 마음이 흐뭇했다.

내 아이의 창의력을 키우는 비법

06 / 부정적인 말버릇만 바꿔도 창의력이 자란다

/ 말은 마음의 소리이다 /

언어에는 말하는 사람의 생각이 그대로 드러난다. 관상가들은 사람의 얼굴을 보면 그 사람의 운명을 안다. 의사는 청진기로 환자의 병을 진단하고 처방한다. 이와 마찬가지로 언어를 살피면 그 사람이 어떻게 살아왔고 앞으로 어떻게 살아갈지가 보인다. 언어는 사람의 운명을 좌우한다. 어떤 언어를 사용하는지에 따라 그의 미래가 열리기 때문이다. 말은 마음의 소리이다. 마음이 긍정으로 가득 차 있으면 긍정적 말이 흘러넘친다. 반대로 부정적 생각에 점령당한 사람은 말끝마다 부정이 따라다닌다. 말끝마다 '죽겠다'고 하는 사람은 위험하다. 곧 그렇게 되기 때문이다. 비명에 가는 사람들의 말버릇이 거의 그랬다. 하늘에 귀가 달려 있는 것일까? 나의 생각은 '그렇다'이다. 하늘에는 귀가 달려 있어서 누가 어떤 말을 하는지 귀담아듣고 있다. 그리고 그 말에 반응하여 그 말을 실행한다.

'낮말은 새가 듣고 밤말은 쥐가 듣는다.'라는 우리나라 속담이 있다. 말조심하라는 조상님들의 지혜가 담겨 있다. 말은 하늘에 보내는 주문(Order)과 같다. 식당에 가면 우리는 먹고 싶은 것을 주문한다. 주문한 대로 음식은 나온다. 말도 이와 같아서 자신의 생활과 운명에 주문을 하는 것이다. 말하는 대로 자신의 세상이 눈앞에 배달되어 오기 때문에 주문에 주의해야 한다. 더 나아가 '신독(愼獨)'이라는 말이 있다. 혼자 있을 때 더 마음을 삼가라는 뜻이다. 말은 상대를 두고 하는 행위이지만 신독은 '혼자서 먹는 마음가짐도 하늘은 안다.'라는 조상님의 가르침이다.

말은 물건을 싸는 보자기와 같다. 언어는 말하는 사람을 포장한다. 소박하게 때로는 화려하게 포장한다. 어리석은 사람은 포장에 현혹되지만 고수의 눈을 속일 수는 없다. 향을 싼 보자기에서 향기가 나고 오물을 싼 보자기는 악취가 난다. 언어는 말하는 사람의 마음을 그대로 반영한다. 언어는 마음과 행동을 매개한다. 마음이 언어로 드러나고 행동으로 흔적을 남긴다.

"아빠, 저 아저씨는 덩치는 큰데 목소리가 여자 같아요."
"그러게 말이다. 목소리로 그 사람의 에너지와 영혼의 색깔을 알 수 있다."

내 아이의 창의력을 키우는 비법

"쥐나 토끼처럼 포식자들에게 잡아먹히는 동물들은 소리가 작은 반면에 잡아먹는 사자나 호랑이는 소리가 크다."

"타잔이 나무 위에서 소리 지르는 것은 '나 힘세니까 다들 까불지 마라!' 이런 뜻이야."

"그럼 뻐꾸기가 다 이겨요? 소리가 크잖아요."

"소리가 높은 것하고 큰 것하고 다르지. 새소리는 높은 옥타브의 소리일 뿐 위협적이지는 않잖아."

아이와 타잔 소리를 연습하며 즐거운 시간을 가졌다. 뻐꾸기 소리가 크니까, 뻐꾸기가 힘이 제일 세지 않느냐는 말에 나는 빵 터졌다. 부모가 아이에게 하는 말은 하얀 화선지 위에 물감을 투척하는 것과 같다. 멋진 그림을 그릴 수도 있고 낭패를 볼 수도 있는 것이다. 어린 시절은 아이들의 캔버스에 아름다운 그림을 그려줄 수 있는 시기다.

/ 유행어는 시대상을 반영한다 /

유행어는 시대상을 반영한다. 아이들이나 젊은이들은 유행어에 민감하다. 유행어로 좀 뜬다 하면 아이들은 금방 따라 한다. 요즘 TV나 방송 매체를 보면 '~ 같아요.'라는 말을 많이 듣는다. 나는 젊은 사람들의 이러한 말버릇으로 이 시대의 풍조를 보았다. 음식을 먹어보고 본인이 맛있으면 그냥 맛있는 것이다. 그러나 맛있는 것 같다고 말한다. 가수 윤항기 씨가 부른 노래 '나는 행복합니다.'를 '나는 행복한 것 같아요.'라고 부른다면 어떨까?

"나는 행복한 것 같아요. 나는 행복한 것 같아요. 정말 정말 행복한 것 같아요. 기다리던 그날이 온 것 같아요. 즐거운 날인 것 같아요. 움츠렸던 어깨 답답한 가슴을 활짝 펴봐요. 가벼운 옷차림에 다정한 벗들과 즐거운 마음으로 들과 산을 뛰며 노래를 불러요. 우리 모두 다 함께… 나는 행복한 것 같아요. 나는 행복한 것 같아요."

가치관이 바뀌는 시대라서 그런가? 주체성의 상실 시대인가? 미래의 모호함 때문일까? 자신만의 진짜 인생을 살지 않고 방송으로 보는 연예인들의 삶을 보고 대리 만족을 느껴서 그런 언어 습관을 가지게 된 것은 아닌지? 부모의 입장에서는 아이의 언어 습관을 주의 깊게 들여다봐야 한다.

"물의 결정(結晶)이 사람의 말이나 그림 등 외부 조건에 따라 달라지는 것은 물이 무엇인가 정보를 기억하는 증거로 추정할 수 있습니다."

『물은 답을 알고 있다』의 저자 에모토 마사루(江本勝)박사가 책에서 한 말이다. 그는 책을 통해 세계적으로 널리 알려진 일본의 물 연구가이다. 에모토 박사는 한국에도 자주 방문하는 걸로 알고 있다. 그의 부인 카조코 에모

내 아이의 창의력을 키우는 비법

토(和子江本)는 부모가 전남 고흥 출신의 한국인이다. 그는 '물에 마음이 있다'고 주장한다. 그는 1999년 물 결정의 사진을 촬영한『물이 주는 메시지』라는 책을 펴내면서 세계적으로 큰 주목을 받았다. 그의 책 10여 권은 현재 한국을 비롯해 60개국 32개 언어로 번역 출판됐다. 그가 자신의 말을 증명하는 방법이 있다. 그는 5cc가량의 물에 '고맙습니다.'라는 말을 들려주거나 특정 그림을 보여주고 영하 25도로 얼려 3시간 동안 냉동한 뒤 녹는 20~30초 동안 현미경으로 물의 결정을 촬영했다. 긍정적인 말과 부정적인 말을 들려줬을 때의 결정 모습은 매우 달랐다.

"다양한 결정 모습은 물의 기운이라고 할 수 있는 파동 때문이라고 추정됩니다. 소독을 많이 하는 수돗물에는 결정이 잘 나타나지 않습니다. 반면 아름다운 음악을 들려준 물은 아름다운 결정을 보입니다. 제가 실험한 이러한 현상을 비추어보아 저는 말이나 그림, 소리가 물에 영향을 미치고 물은 이 정보를 기억해 반응한다고 생각합니다."

유엔(UN)은 '생명을 위한 물 10년 계획'을 선언하고 지구촌 어린이들에게 물의 결정 사진집을 배포하는 '에모토 프로젝트'를 실시했다. 각국의 어린이 6억 5,000만 명을 대상으로 물의 결정을 통해 물의 소중함을 알린다는 취지였다. 에모토 박사가 배포하고 있는 물 결정 사진집에 들어가 있는 40여 장의 사진 중에는 한국의 사계절 풍경을 물에게 보여준 뒤 찍은 사진도 있다.

그는 백두산 천지를 비롯해 서울의 한강 등 한국의 물에 대한 많은 연구 결과를 가지고 있다.

에모토 마사루 박사의 물에 관한 연구 결과는 과학적으로 증명된 사실이다. 인체의 수분 함량은 70%이다. 70%가 물이란 말이다. 사람의 말은 자신에게 결정적 역할을 한다. 나아가 주변 사람들에게 영향을 미친다. 물에게 사랑과 긍정을 이야기하면 물 분자는 아름다운 결정으로 화답한다. 반대로 저주와 부정의 말을 하면 물은 일그러진 결정으로 반응한다. '세 살 버릇이 여든까지 간다.'라는 속담이 있다. 아이에게 긍정의 말버릇을 만들어주면 여든까지 긍정의 삶을 살게 된다. 창의력은 없는 것을 만들어내는 것이다. 어둡고 안 좋은 것을 만들어내면 세상에 공해가 된다. 아이에게 긍정을 코딩했을 때 창의력은 세상을 이롭게 하는 것을 창조할 것이다.

내 아이의 창의력을 키우는 비법

07 / 창의력 성장은 부모의 고정관념을 깨는 것으로 시작한다

/ 고정관념은 보이지 않는 쇠사슬과도 같다 /

"아빠, 살색을 'Skin Color'라고 해요?"

"아마 그럴 걸?"

"살색이란 명칭이 없어졌대요."

"국어책에 나와요. 인종차별이라고 없앴대요."

"아프리카 사람들도 살색이라 하는데?"

"우리나라 사람 피부색을요?"

"아니, 검은색을…"

"맞네요. 아프리카는 검은색이 살색이네요."

"인종마다 'Skin Color'가 다르기 때문에 세계 통일 명칭으로는 살색이라

하면 안 되겠다."

고정관념은 자신이 경험하고 만든 생각의 집이다. 살색은 우리의 피부색을 표현하는 색이다. 아프리카 흑인들은 살색을 뭐라고 부를까? 아이와 이런 대화를 나누는 시간을 가질 수 있어 행복했다. 육상 포유류 중 덩치가 가장 크고 힘이 센 동물은 코끼리다. 코끼리는 지능이 높아 그림을 그리고 축구도 한다. 코끼리의 지능은 돌고래나 침팬지와 비슷하다고 한다. 그럼 지능이 높고 힘도 센 이 코끼리를 통제하는 장치는 무엇일까? 놀랍게도 가는 줄과 작은 말뚝이다. 코끼리는 새끼 때부터 발목에 줄을 감고 말뚝에 매여서 훈련을 받는다. 말뚝에서 벗어나려고 할 때마다 조련사는 체벌을 가한다. 이런 경험이 수차례 반복되면서 어른 코끼리가 된다. 코끼리는 덩치가 커져도 더 이상 탈출을 시도하지 않는다. 한번만 힘을 쓰면 손쉽게 뽑힐 말뚝에 평생을 매여 사는 것이다. 고정관념은 보이지 않는 쇠사슬과도 같은 것이다. 우리의 머릿속을 조용히 들여다보면 아마도 저마다의 쇠말뚝과 가는 줄이 하나씩 있지 않을까?

아이의 창의력은 학교의 주입식 교육으론 키우기 어려운 현실이다. 부모의 대화와 교육으로 이끌어줘야 한다. 부모의 대화법에 대해서는 앞서 3장에서 9가지로 나누어 언급했다. 아이들의 창의력 성장은 부모의 고정관념을 깨는 것으로 시작한다. 나이가 들면서 고정관념으로부터 자유롭기는 쉽지 않다. 살아온 세월만큼 자신이 만든 고정관념의 틀 속에서 살게 된다. 하지만 세상

내 아이의 창의력을 키우는 비법

에 나온 지 얼마 되지 않은 아이는 고정관념을 가지고 있지 않다. 만약 부모의 고정관념을 주의하지 않으면 아기 코끼리에게 쇠사슬을 묶어 작은 기둥에 매다는 결과를 초래하게 될 것이다.

'줄탁동시(啐啄同時)'라는 말이 있다. 중국 송나라 때의 『벽암록(碧巖錄)』에 나오는 이야기다. 줄은 병아리가 알 속에서 쪼는 동작이다. 탁은 어미 닭이 알 밖에서 쪼는 동작이다. 동시는 병아리가 알에서 깨어나기 위해 안에서 쪼는 행위와 어미 닭이 바깥에서 도와주는 행위가 동시에 일어나는 것을 뜻한다. 스승이 제자의 한계가 깨지도록 함께 줄탁 작업을 동시에 한다는 것이다. 줄탁으로 깨어난 병아리는 태어나자마자 어미 닭을 가장 먼저 본다. 병아리는 독립하기 전까지 어미닭의 모든 것을 배운다. 줄탁동시의 알 깨는 과정은 우리에게 많은 깨우침을 준다. 딱딱한 껍질은 고정관념에 비유할 수 있다. 아이의 창의력을 자라게 하기 위해선 부모의 고정관념을 깨는 것이 먼저다.

나는 어릴 때 외할머니를 따라 성당을 다녔다. 노란 탱자가 잔뜩 달려 있는 성당의 탱자나무 울타리 아래에 앉아서 『내셔널지오그래픽』을 보는 것이 제일 큰 재미였다. 다음으로 부활절이면 나눠주는 삶은 달걀을 먹는 맛이 좋았다. 교회에서 부활절에 달걀을 나눠주는 풍습은 마틴 루터 때부터 시작됐다고 한다. 본래 아우구스티노회 수사였던 루터는 로마 가톨릭교회의 면죄부 판매 비판을 시작으로 종교개혁을 했다. 루터의 종교개혁은 기존의 로

마 가톨릭의 고정관념을 깨트린 혁신적인 일이었다. 달걀은 내부의 태동과 외부의 저항을 의미하기도 한다. 교회에서 나누는 달걀의 의미는 다시 부활한 예수를 만나기 원하는 마음에서 나눠주는 것이다. 또 하나는 자신의 신앙도 거듭 남을 원하는 마음에서이다.

/ 역사의 발전은 고정관념을 깨는 것이었다 /

필리핀 마닐라에서 곤달걀을 만났다. 그들은 발룻(Balut)이라 하는데 발룻은 부화 직전의 오리알을 삶은 요리이다. 필리핀, 중국, 캄보디아, 베트남 등에서 즐겨 먹는다. 부화 직전의 알을 삶았기 때문에 혐오 식품처럼 보이기도 하지만, 고단백 식품으로 정력에 좋다고 알려져 많은 사람들이 먹는다. 숙소밖 길거리에서 동료들과 맥주를 한잔하고 있는데 '발루~웃~ 발루~웃~!'을 외치는 소리가 들렸다. 호기심이 발동한 나는 현지인에게 무슨 소리냐고 물으니 곤달걀이라고 했다. 얘기는 들어봤지만 먹어보지 못한 것이라 바로 불러서 한 뭉치를 샀다. 족발을 새우젓과 소금에 찍어 먹는 것처럼 소금과 칠리소스가 든 비닐주머니 2개를 함께 주었다. 누린내가 났다. 털이 고스란히 씹혔다. 발룻은 껍질을 제외한 모든 부분을 먹는다.

곤달걀의 껍질을 까보면 병아리들은 생기다 만 엉성한 털에 눈을 감고 있다. 병아리 모양을 고스란히 간직하고 있지만, 결국은 알을 깨지 못하고 속

내 아이의 창의력을 키우는 비법

에서 죽어버린 것이다. 줄탁동시와 곤달걀의 이야기는 공부하는 사람과 교육자들에게 많은 것을 일깨워준다. 어미 닭이 시계를 보고 껍질을 깨는 것이 아니다. 병아리는 21일이 지나면 어김없이 껍질을 쪼아댄다. 줄탁동시의 기회를 가져보지 못한 병아리의 운명에서 우리는 무엇을 볼 수 있을까? 줄탁동시에서 때의 정확성과 기다림을 볼 수 있다. 정확한 시기에 껍질을 쪼아야 한다는 것이다. 알을 깨야 할 시기를 놓치면 곤달걀이 되고 만다. 창의력은 아이 때에 가장 많이 자란다. 대나무가 평생 자랄 것을 봄에 다 크는 것처럼, 아이의 창의력도 마찬가지다.

고정관념의 잣대를 새로운 것에 들이댈 수는 없다. 역사의 발전은 모두 고정관념을 깨는 것이었다. 루터의 종교혁명은 로마 가톨릭교회의 면죄부를 판매하는 게 단초가 되었다. 돈을 내면 죄가 없어진다는 터무니없는 면죄부를 대량으로 남발하면서 시작되었다. 당시의 절대 권력이었던 로마 가톨릭교회의 고정관념은 곤달걀에 가까운 모습이었다. 루터의 두드림에 수많은 시민은 어두운 알에서 깨어났다. 덕분에 로마 가톨릭교회도 자정 작용을 통해 많은 혁신이 이루어졌다.

고정관념을 깨는 것은 아픔을 동반한다. 줄탁동시는 병아리의 생사를 가르는 일이다. 껍질을 깨고 나오면 병아리가 되고 깨지 못하면 곤달걀이 된다. 부모가 자신의 고정관념을 깨면 아이의 껍질을 깨어주는 어미 닭이 된다. 부모의 자기 계발이나 깨달음은 어미 닭이 부리를 단련하는 것과 같다. 평소에 그런 것 없이 늘어져 있거나 생업에만 몰두해 있다면 아이의 창의력 계발은 물 건너 간 일이다. 물렁하고 푸석한 부리로 단단한 알을 깰 수 없는 일이다. 아이가 생동하는 에너지로 알을 깨고 나오려 하는데 무기력한 부리로 할 수 있는 일은 아무것도 없다. 아이의 창의력 성장은 부모의 고정관념을 깨는 것으로 시작한다. 줄탁동시로 깨어난 병아리가 자라서 닭이 되었을 때, 어둠을 몰아내는 찬란한 닭 울음소리를 낸다. 나는 대한민국 아이들이 힘찬 소리로 마음껏 외치면 좋겠다. 새벽에 지붕 꼭대기에 올라가 붉은 벼슬을 세우고 하루의 해를 힘차게 부르는 닭처럼….

내 아이의 창의력을 키우는 비법

08 / 창의적인 도전과 실패를 칭찬하라

/ 승부의 세계를 경험하게 하라 /

"저는 학교 앞 분식집에서 오뎅 국물은 언제든지 그냥 먹어요."

"아줌마가 마음씨가 좋은가 보구나."

"그게 아니라 스토리가 있어요. 친구들하고 오뎅 먹다가 호떡도 같이 팔면 장사가 더 잘될 거라고 말해드렸어요. 며칠 후부터 호떡을 같이 팔기 시작했는데 아주 잘돼요. 줄 서서 기다려야 돼요. 그다음부터 지나가다가 오뎅 국물 좀 먹는다고 하면 호떡도 한 개씩 주시고 오뎅도 그냥 주셔요."

아이는 학교를 들어가기 전에도 길을 가다가 목이 마르면 아무 식당에나 들어가서 물을 마시고 나왔다. 남자는 서글서글해야 된다는 내 생각을 그대로 실행하는 아이다. 나는 아이가 오뎅 국물 정도는 그냥 먹을 만도 하다고 했다. 아주머니는 거기까지는 허용한다고 했다.

"오뎅 국물이 너무 밋밋해서 꽃게랑 무를 넣으면 깊은 맛이 나서 장사가 더 잘될 거라고 했는데 꽃게는 아직 안 넣었어요."

"무하고 꽃게가 안 들어가면 뭐 넣고 국물 맛을 내는 거야?"

"멸치랑 다시마만 넣은 것 같아요. 2%가 아니라 30% 부족한 맛이에요."

"투자를 안 하면서 돈 벌려고 하는지 좀 답답해요."

아이는 큰 부자가 되고 싶다고 자주 말한다. 그때마다 나는 응원하고 격려한다. 아이는 초등학생인데도 외식을 할 때면 테이블 개수를 세고, 메뉴의 가격을 계산한다. 요리에도 관심이 많고, 요식업에도 관심이 많다. 나는 음식을 주문할 때면 아이에게 시켰다. 아이는 메뉴의 맛과 특징을 물어보고 분명하게 주문한다. 계산을 할 때도 아이를 시킨다. 그래야 어릴 때부터 돈과 그에 상응하는 대가를 경험하고 정당하게 주고받는 법을 배울 수 있으니까.

"아빠, 뒷골이 흔들려요. 계단 내려갈 때 뒤꿈치를 들고 내려가야 해요. 머릿속이 울려요."

"유도 연습을 1시간 30분 동안 했는데 1시간은 공중에 떠 있는 시간이었어요."

"형들 기술은 예술 자체예요. 전국 랭킹 1위도 있어요. 저는 완전 형들 연

내 아이의 창의력을 키우는 비법

습용이에요."

"시합이 약간 긴장돼요."

"중1이니 이기려 하지 말고 경험 쌓는다고 생각하면 부담이 덜 된다. 아빠는 연습할 때보다 시합에서 강했다. 너도 그렇게 잘할 거다. 우린 무대 체질이니까."

아이는 내가 예상했던 대로 하루가 다르게 키가 자랐다. 학교 유도 코치의 눈에 띄어 유도부에 들어가게 되었다. 나는 전적으로 유도만 하는 건 반대했다. 아이 역시 흥미로 하고 싶어 했다. 아이가 유도만 하기에는 꿈이 너무나 컸다. 그날따라 강도 높은 훈련을 했나 보다. 나는 아이를 응원하고 시합을 앞두고 긴장도 풀어줄 겸 아이가 제일 좋아하는 KFC를 데려가야겠다고 생각했다. 그리고 승부와 성공에 대해서 도전과 실패에 대해 얘기하고 싶었다. KFC 할아버지가 입구에 왜 서 있게 되었는지를 얘기하고 싶었다. 아이가 KFC를 가자는 말을 듣자마자 좋아서 소리를 지르는 걸 보니 흔들리던 골이 바로 제자리를 찾은 듯이 보였다.

/ 실패와 역경은 변형된 축복이다 /

커널 샌더스(Colonel Sanders)로 널리 알려져 있는 할랜드 데이비드 샌더스 (Harland David Sanders)는 KFC를 창업한 미국의 기업인으로, KFC를 상징하는 마스코트이기도 하다. 아이들과 KFC를 갈 때면 언제나 하얀 양복을 입고 지팡이를 짚은 흰 수염의 할아버지가 인자한 모습으로 반긴다. 치킨을 싫어하는 아이가 있을까? 내 아이는 치킨을 유난히 좋아한다. 닭에게 늘 감사한 마음을 가지고 있다고 말하는 아이다. 유도 연습을 하느라 몸살을 앓는 아이에게 좋아하는 치킨을 먹이고 싶었다. 입구에 할아버지가 '커널 샌더스'라는 분이고 그의 성공 스토리도 얘기해주고 싶었다.

커널 샌더스는 1890년 미국의 인디애나 주에서 태어났다. 그의 아버지는 샌더스가 5살 때 죽었다. 그는 돈을 벌어야 하는 어머니를 대신하여 어린 시절부터 동생들을 돌보며 집안일과 요리를 도맡아서 하였다. 장성한 후에는 증기선 선원, 보험 판매원, 철도 공사원, 농부 등 다채로운 직업을 거쳤다.

샌더스는 훗날 두 차례에 걸친 사업 실패로 재산을 모두 날려버렸다. 40세에 빈털터리가 된 커널 샌더스는 켄터키주의 어느 주유소에서 일하고 있었다.

"이 동네에는 제대로 먹을 만한 음식이 없어!"

사람들의 불평에 샌더스는 아이디어가 하나 떠올랐다. 이때 그는 당시 널리 사용되던 팬 튀김 방식보다 조리시간이 빠른 압력 튀김 방식으로 닭튀김

내 아이의 창의력을 키우는 비법

요리법을 착안한 것이다. 당시 그는 식당을 가지고 있지 않았기 때문에 주유소의 그가 살던 방에서 음식을 팔았다. 그리고 얼마 지나지 않아 닭튀김의 맛은 입소문이 났고 지역 신문과 잡지에도 실렸다.

그의 행복은 오래가지 않았다. 얼마 후 아들이 사고로 죽고 아내와 이혼하고 원인 모를 화재로 식당마저 불타버렸다. 샌더스는 다시 식당을 차려 재기하려 했지만 쉽지 않았다. 식당 주변에 고속도로가 생기면서 손님은 아예 끊겨버렸다. 식당은 경매로 넘어가고, 그는 파산하고 말았다. 그는 노숙자 신세가 되어버렸다. 샌더스가 65세 때의 일이었다. 그는 노숙자 생활을 하던 중에도 자기만의 독특한 닭튀김을 개발하는 데 몰두했다. 그리고 계약을 맺기 위해 3년 동안 전국의 음식점을 찾아 다녔다. 샌더스는 1,009번이나 사업자들에게 문전박대를 당하고, 1,010번째 찾아간 음식점에서 계약이 성사되었다. '피터 하먼'이라는 사람이었는데 KFC(Kentucky Fried Chicken)도 그의 제안에 의해 탄생한 이름이다. 피터 하먼은 체인 사업을 조언했다.

그는 자동차를 몰고 전국을 돌아다니며 적당한 음식점을 찾아 자신의 치킨 맛을 보여준 뒤 체인점 계약을 제안했다. 잠은 차에서 자고, 세수는 고속도로 휴게소 화장실에서 해결했다. 그렇게 8년 동안 전국을 돌아다닌 그는 600여 개의 체인점을 확보할 수 있었다. 그 당시 그가 벌어들인 돈은 무려 200만 달러나 되었다. 이렇게 성장한 KFC는 현재 전 세계 80여 개국 13,000

여 곳에 매장이 개설된 세계적인 프랜차이즈가 되었다.

커널 샌더스는 이후 그의 수익금으로 '커널 할랜드 샌더스 트러스트와 커널 할랜드 샌더스 자선협회'라는 장학회와 자선단체를 조직하였다. 이들 단체에 모인 기금은 2007년 100만 달러를 넘어섰다. 그는 1980년 켄터키주의 루이빌에서 90세의 나이로 생을 마감했다. 그의 시신은 켄터키주 청사의 홀에 안장되었다. 그는 트레이드마크인 하얀 정장에 검은색 넥타이를 맨 차림새로 루이즈빌에 매장되었다. 2000년 그의 이름은 미국 비즈니스 명예의 전당에 올랐다. 그는 지금도 하얀 정장과 검은색 넥타이를 매고 KFC 매장 앞에서 웃으며 아이들을 반긴다.

나는 아이의 창의적인 도전을 응원한다. 돈키호테 같은 분식집 경영 자문에 박수를 보냈다. 커널 샌더스의 성공 뒤에 숨은 역경 스토리를 이야기하면서 실패와 역경은 더 큰 성공을 위해 변형된 축복이라는 것을 이야기했다. 부자가 되고 싶은 욕망으로 가득 찬 아이는 눈을 반짝이며 들었다.

내 아이의 창의력을 키우는 비법

PART 5   /

아이의
상상력이
미래를 좌우한다

01 / 아이 속에 잠자는 거인을 깨워라

/ 원하는 것은 무엇이든 들어준다 /

"오, 절 불러내신 위대하신 이여, 제게 명령하실 위대하신 분. 전 제 맹세를 지키죠. 3가지 소원에 충성을 다해요."

알라딘의 마술램프에서 나온 거인 마법사 지니의 말이다. 머나먼 사막 속 신비의 아그라바 왕국의 시대. 좀도둑 알라딘은 마법사 자파의 의뢰로 마법램프를 찾으러 나섰다가 주인에게 세 가지 소원을 들어주는 지니를 만나게 된다. 먼지 묻은 램프를 닦으려고 문지르니 램프 속의 거인 지니가 나타난다. 알라딘을 주인이라 부르며 원하는 것은 무엇이든 3가지를 들어준다고 한다. 알라딘은 아라비아의 『천일야화』에 나오는 280여 편 중에 한 가지 이야기다.

『천일야화』는 중동의 구전문학들을 정리한 책이다. 『아라비안나이트 (Arabian Nights)』라고 더 많이 알려져 있다. 『아라비안나이트』는 280여 편이나 되는 긴 이야기이다. 영국의 외교관인 리처드 프랜시스 버턴(1821~1890)에 의해 영문으로 번역되어 서구 문학계에 소개되었다. 유럽에서는 한때 금서 취급을 받을 정도로 성(性, sex)이 직설적으로 표현되어 있다. 이 책은 아라비아에서 일어나는 온갖 신비하고 신화적이면서도 통속적인 이야기들이 총망라되어 있다. 한 번의 독서로는 그 진정한 맛을 알 수 없는, 기이하고 특별한 작품이다. 제일 많이 알려진 「알라딘의 마술램프」, 「알리바바와 40인의 도적」, 「신드바드의 모험」 같은 중세 아라비아의 단편 280여 개가 실려 있지만 그 하나하나의 문학적 재미와 가치는 오늘날의 그 어떤 작품에 비해 결코 뒤지지 않는다. '오늘날 전 세계의 작가들이 어떠한 상상력으로 작품을 써내더라도, 그 소재와 주제는 이미 아라비안나이트에서 다루어진 이야기 안에 다 녹아 있다'고 할 만큼 이 작품이 다루는 소재는 다양하다. 또한 다양한 문화권에 끼친 영향력은 실로 대단하다.

"『아라비안나이트』는 페르시아부터 인도까지 지배하는 대왕 샤리야르 대왕과 그의 동생 이야기로 시작한다. 왕비가 몰래 노예와 바람을 피우는 모습을 목격한 왕은 이를 잔인하게 응징했다. 그 후 여성에 대한 강한 불신으로 그 나라의 처녀와 하룻밤을 잔 후에 다음 날 처형하기 시작했다. 여자가 거리에서 사라질 정도로 샤리아르 대왕의 학살이 그치지 않자, 대신의 딸인

내 아이의 창의력을 키우는 비법

셰헤라자드는 일부러 왕과 결혼한다. 샤리야르 대왕은 다양한 이야기를 쏟아내는 아내의 이야기 솜씨에 감탄한다. 하루가 지나면 죽여야 하는 악행을 중지하고, 낮에는 나라 일을 보고, 밤에는 아내의 이야기를 들었다. 물론 셰헤라자드가 한 이야기들은 그녀의 창작 이야기가 아닌 아라비아 지역에서 구전되는 이야기였다. 무려 1,001일 동안 이야기를 듣던 왕은 이야기 속에 숨어 있는 진리의 뜻을 깨닫고 학살을 중단하였다. 그동안 이야기를 들려주면서 아들을 3명이나 낳아준 아내와 행복하게 살다가 죽었다는 이야기다."

나는 어릴 때부터 『아라비안나이트』를 흥미롭게 읽었다. 280편 전체를 구하진 못했지만 「알라딘의 마술램프」, 「알리바바와 40인의 도적」, 「신드바드의 모험」을 읽었다. 만화로도 보고 최근에는 상영한 영화도 보았다. 윌 스미스가 지니로 출연해 멋진 연기를 보여주었다. 지금까지 어느 누구도 내게 알라딘의 마술램프에 숨은 뜻을 설명하거나 지니의 존재에 대해 이야기한 사람이 없었는데 영화를 통해 분명히 알았다.

"아득히 머나먼 사막 한가운데 아주 신비한 곳이 있어. 놀라운 묘기와 마법이 있는 곳. 열려라. 참깨, 자 가자! 아라비안나이트 신비한 이야기. 요술램프가 3가지 소원 들어준다네. 아라비안나이트 신비한 이야기. 그 누구라도 꼭 한 번쯤은 가고 싶은 그곳. 믿거나 말거나 주문만 외우면 큰 바위 문이 열려. 어서 와. 모두가 그대를 기다려. 새로운 아라비안나이트 아라비안나이트.

네가 나를 불러냈나? 1,000년 동안 램프에 있었지."

램프 속의 거인 지니는 상상력이다. 열려라 참깨는 마음의 문을 열고 상상력의 비밀을 깨달으라는 이야기다. 마법의 양탄자 역시 상상력을 깨달아 새처럼 자유롭게 살라는 이야기다. 지니가 1,000년 동안 램프에 있었다는 것은 상상력이 마법처럼 위대한 힘이라는 진리를 깨우친 사람이 드물었다는 이야기다. 알라딘이 램프를 문지르는 것은 마음의 문을 열고 램프 속의 상상력이라는 거인을 깨운다는 것이다. 마법사 지니가 알라딘 앞에 나타나는 것은 자신의 상상력을 인식하는 것이다. 지니가 소원을 들어준다는 것은 인간의 상상력이 창조의 주체가 된다는 것이다. 지니가 그렇듯이 상상력은 선악을 가리지 않고 소원을 이루어준다. 아라비아의 현자들은 이야기 속에 이런 진리의 보물을 감추어두었다.

"진리의 세상을 만드는 것은 외적인 사실에 의해 결정되는 것이 아니라 상상을 얼마나 강렬하게 하는지에 달려 있습니다. 우리가 처한 현실은 상상력을 올바르게 사용했는지, 아니면 잘못 사용했는지를 그대로 보여줍니다. 우리는 우리가 상상한 대로 됩니다. 우리 인생의 역사를 결정하는 것은 바로 우리 자신입니다. 상상력이 곧 길이자 진리이며 우리 눈에 나타나는 삶입니다. 우리가 상상력에 눈을 뜨게 될 때 다음의 사실을 알게 됩니다. 무언가를 상상하면 그렇게 될 수 있다는 것, 그리고 진실한 판단은 외부 현실에 맞춰

내 아이의 창의력을 키우는 비법

서 할 필요가 없다는 것입니다. 상상의 진리를 깨달은 사람은 눈에 보이는 감각적 외부 세계인 현실을 부정하지 않습니다. 단지 끊임없이 상상하는 내부 세계가 감각적인 외부 세계를 불러오는 힘이라는 것을 알고 있을 뿐입니다. 상상력을 통해 자신의 소망을 실현할 수 있다는 사실을 깨닫는 일은 정말 멋진 일입니다. 이런 진리를 몰랐다면 감옥에서 계속 갇혀 있을 뻔했으니까요. 참 인간은 위대한 상상력입니다. 깨어나야 할 대상은 바로 이 자아입니다. 모든 현실은 우리 내부에서 생겨나는 것이지, 결코 밖에서 생겨나는 것이 아니라는 사실을 굳게 믿어야 합니다." - 네빌 고다드, 『상상의 힘』

/ 램프 속의 지니는 자신의 상상력이다 /

만약 내가 어릴 때 알라딘의 마술램프 속에 잠자는 지니의 비밀을 알았더라면 지금과 많이 달랐을 것이다. 『상상의 힘』의 저자 네빌 고다드는 현존하는 세계 최고의 성공학 대가들에게 가장 많은 영향을 준 스승이다. 나는 네빌의 책을 만나기 전에는 지니의 존재를 막연히 '자아'를 깨닫는 정도로만 알았다. 네빌을 만난 후 지니를 어떻게 깨우고 소원을 이루는 것인지를 깨달았다. 아이 속에 잠자는 거인 지니를 깨우는 데 가장 좋은 시간은 잠들기 전 5분이다. 어떤 꿈이든 이미 이루어진 상태를 몸으로 느끼고, 그 느낌을 받아들이고 잠들면 지니가 소원을 이루어준다. 알라딘의 노래를 음미하며 아이 속의 지니를 다시 한번 생각해보기 바란다.

"상상의 땅, 그것은 머나먼 곳이야. 상단의 낙타들이 돌아다니는 곳. 수많은 문화와 언어들 사이에서 헤매는 곳. 혼란스러울지 모르지만, 그래도 내 집이라네. 동쪽에서 바람이 불고 서쪽에서 태양이 뜨고 모래시계의 시간이 다 될 때. 가던 길을 멈추고 이리 와 앉아봐. 양탄자를 타고 날아가 또 다른 아라비아의 밤으로…. 미로를 통과하며 음악을 연주하네. 순수한 기쁨의 뿌연 연기 속에서 너는 춤을 추고 황홀함에 빠져 또 다른 아라비아의 밤에. 아라비아의 밤은 아라비아의 낮처럼 더운 날보다 더 뜨거울 때가 많지. 여러 좋은 의미로 말이야. 아라비아의 밤은 아라비아의 꿈처럼 마법과 모래의 신비로운 땅. 보이는 것 이상이야. 거기엔 널 인도할 길이 있어. 선이든 탐욕에 이르는 것이든 소원대로 다 할 수 있는 힘. 어둠을 펼치든 헤아릴 수 없는 운을 찾든 네 운명은 네 손에 달렸어. 오직 한 사람만 여기 들어올 수 있다. 원석의 다이아몬드보다 더 가치 있는 사람만이. 아라비아의 밤은 아라비아의 낮처럼. 그들은 흥분하고, 날아오르고 달아나 충격적이고 놀랍도록. 아라비아의 밤은 아라비아의 달 아래에서 긴장을 늦춘다면 넘어지고 또 넘어지겠지. 저 밖의 모래언덕에서."

내 아이의 창의력을 키우는 비법

02 / 아이의 미래를 책임질 창의력에 집중하라

/ 한국은 이제야 인공지능을 인식하기 시작했다 /

"인류의 미래 문명은 인공지능이 될 것이다. 내가 만일 다시 학생으로 돌아간다면 다른 무엇보다 인공지능을 공부할 것이다."

미국의 마이크로소프트 설립자이자 기업인인 빌 게이츠가 1997년 6월, 한국을 방문해서 한 말이다. 그의 방문에 방송과 언론이 떠들썩했지만, 대한민국은 빌 게이츠의 인공지능에 대해 받아들일 준비가 되어 있지 않았다. 당시 우리는 인공지능이 뭔지 아는 사람도 많지 않았고, 그냥 스쳐 지나갔다. 빌 게이츠는 어렸을 때부터 컴퓨터 프로그래밍을 좋아했다. 그는 하버드를 자퇴하고 폴 앨런과 함께 마이크로소프트를 공동 창립했다. 컴퓨터로 대변되는 3차 산업혁명을 주도하고 최선두에 선 그가 한 말인데도 준비가 되지 않은 우리는 빌 게이츠가 말한 미래 문명의 인공지능에 대해 그냥 멍 때리며 듣기만 하였다. 그리고 우리 국민들은 그의 말을 까마득하게 잊고 있었다.

빌 게이츠의 한국 방문 이후 약 20년이 흐른 2016년 3월, 인공지능의 실체가 한국에 상륙했다. 알파고(AlphaGo)가 온 것이다. 구글의 딥 마인드가 개발한 인공지능 바둑 프로그램 알파고(AlphaGo)는 세계 최상위급 프로 기사인 이세돌 9단과의 5차례 공개 대국에서 예상을 깨고 4승 1패로 가볍게 승리했다. 이세돌은 국제 바둑대회에서 18차례 우승한 전설적 천재다. 알파고가 이세돌을 가볍게 이겨서 '현존 최고 인공지능'으로 등극한 것은 인간과 기계의 능력에 한 획을 긋는 사건이었다. 한국은 알파고 사건 이후 비로소 인공지능을 인식하기 시작했다. 알파고라는 이름은 그리스 문자의 첫 번째 글자로 최고를 의미하는 '알파(α)', 바둑의 일본어 발음 '碁(ご)'에서 유래한 영어 스펠 'Go'를 뜻한다. 통산 전적은 73승 1패이다. 그래도 이세돌은 알파고에게 유일하게 1패를 안겨준 장본인이다. 한국을 방문한 '빌 게이츠의 경고' 이후 19년이 지나서야 우리나라 국민은 그것이 무슨 뜻인지 조금 느끼기 시작했다.

"단순한 기계가 아니었습니다. 지능을 가진 생명체와 같았어요. 나는 두려웠습니다."

내 아이의 창의력을 키우는 비법

알파고와 이세돌의 바둑을 참관한 사람의 소감이 아니다. 알파고 이벤트가 있기 20여 년 전에 나온 이야기다. 1997년 5월 미국 뉴욕에서 딥 마인드가 만든 인공지능 '딥블루'의 체스 게임을 지켜본 사람의 말이다. 이날 체스의 신이라 불리던 '세계 체스 챔피언 가리 카스파로프'를 이기는 장면이 TV로 생중계되었다. 미국은 이 체스 게임으로 발칵 뒤집혔다. 빌 게이츠가 한국에 와서 했던 말도 이 게임을 보고 충격을 받아 한 말이었다. 알파고를 만든 회사 딥 마인드는 영국의 스타트업 기업이었다. 2014년 구글이 인수하면서 인공지능 개발이 본격적으로 진행되었다. 2015~2017년에 알파고 판, 알파고 리, 알파고 마스터가 공개되었다. 2018년 12월에는 바둑을 포함한 보드게임에 적용할 수 있는 범용 인공지능 알파 제로(Alpha Zero)를 발표하였다.

알파고는 2016년 이세돌과의 대국 이전에 2015년 10월 유럽 바둑 챔피언십(EGC)에서 3차례 우승한 프랑스의 판 후이(Fan Hui, 樊麾) 2단과의 5번의 대국에서 모두 승리해 프로 바둑 기사를 이긴 최초의 컴퓨터 바둑 프로그램이 되었다. 2017년 5월에는 당시 바둑 세계 랭킹 1위 프로 기사였던 커제(柯潔) 9단과의 3회 공개 대국과 중국 대표 5인과의 상담기(相談棋, 단체전)에서도 모두 승리했다. 한국기원은 알파고가 입신(入神)의 경지에 올랐다고 인정하여 9단을 인정하는 프로 명예 단증을 수여하였다. 중국기원도 프로기사 9단 칭호를 부여했다. 이어지는 알파고의 대국을 통해 우리는 새로운 세상에 직면했음을 인식했다.

나는 바둑을 좋아한다. 바둑을 두면 하루가 언제 가는 줄을 모르고 빠져버린다. 바둑에 몰입하여 들어가다 보면 딴 세상으로 이동하는 느낌마저 든다. 시간을 증발시키기 때문에 바둑을 신선놀음에 비유하기도 한다. 신선놀음에 도끼 자루 썩는 줄 모른다는 말이 모두 몰입과 시간을 두고 하는 이야기다. 인공지능과 사람의 게임이 왜 하필 바둑인가? 가로 19줄, 세로 19줄이 교차해서 361칸을 만든다. 사람이 만든 게임 중 경우의 수가 가장 많은 것이 바둑이다. 하수는 상대방이 두는 대로 따라가기 바쁘지만, 고수는 몇 수를 내다보고 둔다. 하지만 알파고는 상대방이 둘 수 있는 모든 경우의 수를 예측하고 바둑을 둔다.

구글의 딥 마인드는 2017년 5월에 열린 '바둑의 미래 서밋(Future of Go Summit)'이 알파고가 참가하는 마지막 대회라고 했다. 나는 그 말을 '인공지능이 인간과의 게임에서 이기는 것은 더 이상 의미가 없다'는 뜻으로 해석했다. 그들은 인공지능이 앞으로 인류가 새로운 영역을 개척하고 진리를 발견할 수 있도록 돕게 될 것이라고 말했다. 딥 마인드는 인공지능을 기후 변화 예측, 무인자율 주행차, 질병 진단 및 건강 관리, 신약 개발, 스마트폰 개인비서 등 사회 전 분야로 확대해 미래의 다양한 핵심 사업에 적용할 수 있는 범용 인공지능으로 개발한다는 계획이다.

/ 인공지능은 4차 산업혁명의 일부분에 불과하다 /

내 아이의 창의력을 키우는 비법

세상은 감당하기 어려울 정도로 창의적인 변화에 '혁명'이란 수식어를 붙인다. 혁명은 정치, 경제, 사회, 문화, 기술 등의 모든 면에 적용이 된다. 인간의 기술 발전적 측면에서 혁명을 말하자면 산업혁명이 대표적이다. 인공지능 알파고의 사태는 우리에게 혁명이다. 인간의 창의적 상상력이 오히려 인간을 압도하기 때문이다. 1차 산업혁명은 인력과 우마차에 의존했던 생활 패턴을 증기기관이 대체했다.

1705년 영국의 토머스 뉴커먼이 발명했고, 1769년 제임스 와트가 개량했다. 말 한 마리가 끌던 힘이 기계에 대체되어 1마력이란 단위가 생겼다. 말이 끌던 마차가 기차로 대체됐다. 지금의 기차 레일은 처음에는 마차의 바퀴 간격에 맞추어 만들었다. 유럽은 증기기관의 발명으로 생활과 문화 전반의 패턴이 바뀌었다. 영국은 증기기관의 발명으로 세계의 패권국가가 될 수 있었다. 증기기관도 인간의 창의적 상상력에 의해 얼마 가지 않았다. 증기기관은 전기의 발견과 전기 동력으로 대체되었다. 통신기술의 발달로 정보의 교환 패턴도 바뀌었다. 인류는 2차 산업혁명을 맞이하게 된 것이다. 2차 산업혁명 시대는 1865년부터 1900년까지로 정의된다. 이 기간에는 영국 외에도 독일, 미국의 공업 생산력이 올라왔기 때문에 영국과의 상대적인 개념으로 2차 산업혁명이라 부른다. 3차 산업혁명은 컴퓨터가 가져왔다. 1, 2차 산업혁명까지 혁명은 동력의 문제였지만, 3차 산업혁명은 두뇌의 문제로 발전하였다. 인간이 두뇌로 연산할 수 있는 한계를 컴퓨터로 극복한 것이다. 3차 산업혁명은 인류가 지금껏 쌓아왔던 정보를 공유하며 비약적인 발전을 가져왔다.

빌 게이츠는 3차 산업혁명의 선두에서 달리던 인물이다. 그가 '만일 다시 학생으로 돌아간다면 다른 무엇보다 인공지능을 공부할 것'이라고 말한다. 컴퓨터는 인간이 조작하고 입력한 것에 따라 작업을 수행하고 기억하고 저장해왔다. 하지만 인공지능의 시대는 다르다. 기계가 스스로 학습하고 결정하는 시대가 된 것이다. 4차 산업혁명의 인공지능은 1, 2차 산업혁명의 기계 동력에 의존한 혁명과 3차 산업혁명의 컴퓨터 두뇌에 의존한 혁명을 모두 포함한다. 문제는 인공지능이 4차 산업혁명의 전부가 아니라 일부분이라는 것이다.

이세돌은 알파고에게 패한 후 바둑계를 은퇴했다. 나는 이세돌의 은퇴를 보고 많은 생각이 들었다. 사람이 인공지능으로 대체되어 설 자리가 없어지는 것일까? 우리가 당면한 인공지능의 시대를 어떻게 대응할 것인가? 인공지능으로 대체되지 않으려면 무엇을 해야 할까? 우리 세대는 그렇다 치더라도 아이들이 살아가야 할 인공지능의 시대는 어떤 것인가? 그리고 아이들에게 준비시켜야 할 것은 무엇인가? 고민하지 않을 수 없는 문제이다. 나는 아이들이 자신은 물론 가족과 나라를 부강하게 만드는 인재가 되길 원한다. 나아가 세계를 리드할 강한 인재가 되길 바란다. 문제는 교육이다. 좋은 대학에 가기 위해 줄을 서 있는 우리나라의 지금의 주입식 교육으로는 미래가 보이지 않는다. 1, 2, 3, 4차 산업혁명은 모두 창의력으로 이루어왔다. 4차 산업혁명을 주도하여야 할 우리의 미래가 아이들의 창의력에 달려 있다.

내 아이의 창의력을 키우는 비법

미래의 핵심 키워드는 창의력이다

/ 지금의 주입식 교육으로는 미래를 준비할 수 없다 /

우리의 아이들이 배우는 지금의 주입식 교육으로는 미래를 준비할 수 없다. 지금의 교육 시스템에서 배우는 지식은 구글 검색창에 키워드만 쳐 넣으면 알 수 있는 것들이다. 컴퓨터가 아니라 이동식 전화기로도 말이다. 우리나라의 교육은 그것을 암기하고 있는 것이다. 원하는 분야의 지식과 정보를 알고자 하는 것이 있으면 키워드 검색 하나로 웬만한 것은 다 알 수 있다. 인간의 창의력은 컴퓨터를 만들어 3차 산업혁명을 이루어냈다. 컴퓨터가 일상이 되기 전의 3차 산업혁명 초, 중기에는 주입식 교육이 필요했으나 인공지능이 일상화되어가는 지금은 쓸모가 없다. 우리는 지금 3차 산업혁명 말기를 지나 4차 산업혁명이 시작된 시점에 살고 있다. 나는 사회 전반의 모습보다 아이들의 교육에 초점을 맞추어보는 것이다. 우리의 미래는 아이들의 창의력 교육에 달려 있기 때문이다.

나는 우리나라 교육 시스템을 보면 구한말 서구 열강에 강제 개항을 당하는 모습이 생각난다. 나는 조선이 '조용한 아침의 나라'로 소개되는 것을 좋아하지 않는다. 우리나라는 지정학적으로 대륙 세력과 해양 세력의 가운데 위치해서 조용할 틈이 없던 나라이다. 물론 만주와 대륙을 호령하던 우리 조상님들의 고대사를 생각하면 심장이 요동치지만 여기서는 논외다. 어쨌든 조용했던 한반도에도 산업혁명의 파도가 밀려왔다. 유럽은 1700년대 말에 증기기관의 발명으로 세계의 문명을 리드했다. 1800년대는 미국의 주도로 증기동력이 전기동력으로 대체되면서 폭발적인 과학기술로 눈부신 물질문명이 만들어져갔다. 이들은 앞다투어 세계에 식민지를 개척하기 시작했다.

조용했던 동양은 서양의 과학 세력에 압도당했다. 중국은 영국과 1840년 아편전쟁을 겪고 1842년에 난징조약을 체결하였다. 동아시아에서 최초로 개항을 한 것이다. 표현이 어색하긴 하지만 동아시아는 넋 놓고 지낸 대가를 톡톡히 치렀다. 제일 먼저 중국이 매를 맞은 것이다. 일본은 1854년 미국의 페리 제독에 의해 나라의 문을 열었다. 중국으로 진출하려는 중간 기지가 필요한 미국에 의해 강제 개항을 당했다. 일본은 미국으로부터 서양의 과학을 받아들여 1868년 메이지 유신을 단행했다. 막부의 사무라이 복장은 모두 신식 교복과 군복으로 바뀐 것이다. 일본은 그렇게 개화가 되어 미래를 열어나

내 아이의 창의력을 키우는 비법

갔다. 조선은 중국과 일본에 이어 1876년 강화도에서 조일수호조약을 체결하였다. 이로써 일본에 부산, 인천, 원산 등 3개 항구를 개항했다. 이후 맺은 부속조약으로 개항장 내 일본인 거주 지역을 마련하고 일본 화폐를 통용하게 하였다. 1876년 부산은 제일 먼저 개항한 항구 도시가 되었다.

1876년 이전까지 조선은 나라의 문을 꼭꼭 걸어 잠그고 살았다. 서양 사람들을 양놈, 오랑캐라 업신여기며 배척하였다. 이를 주도한 사람들은 당시의 권력가 흥선대원군 이하응과 그를 따르는 위정척사 세력이었다. 위정척사 세력은 성리학에 근거한 사상과 질서가 나라가 살 길이라고 여겼다. 서양의 사상과 문물을 미풍양속을 해치는 삿된 것으로 간주했다. 강화도조약의 정식 명칭은 조일수호조규(朝日修好條規)이다. 혹은 병자수호조약(丙子修好條約)이라고도 한다. 그 이전부터 조선의 사회 내부에서는 대외 개방의 열망이 싹트고 있었다. 그렇지만 국제 정세에 발맞추지 못한 조선은 일본의 무력에 의해 개항이 되고 말았다.

국제 역학 관계의 흐름은 냉정하다. 세계의 흐름을 역행할 수는 없다. 자연으로 돌아가자고 아무리 외쳐대도 산업혁명으로 발전한 과학문명은 절대 뒤돌아가지 않는다. 한복을 고집하고 양반의 체면을 지키고 싶어도 세차게 부는 국제적 바람 앞에서는 옷을 벗게 되어 있다. 서양은 과학으로 1, 2, 3차 산업혁명을 주도해왔다. 2016년 인공지능 알파고와 이세돌의 대국은 조선

시대 강제 개항과 맞먹는 것이다. 조선이 먼저 개화한 일본으로부터 3차 산업혁명의 맛을 봤다면 지금 우리는 미국에 의해 4차 산업혁명의 실체를 접하게 된 것이다. 그들은 이미 1997년 미국 뉴욕에서 '딥블루'의 체스 게임으로 인공지능의 혁명을 확인했다.

/ 국제적 흐름을 역행할 수는 없다 /

국제적 흐름을 역행할 수는 없다. 인간은 문화적 후퇴를 좋아하지 않는다. 독일의 철학자 헤겔은 '양질 전환의 법칙'이라는 개념을 오래전에 발표했다. 일정 수준의 양적 변화가 누적되면 어느 순간 질적인 변화로 이어진다는 양과 질에 관한 정의를 한 것이다. 즉, 내부에 에너지가 축적되면 어느 순간 그것이 폭발하며 이전과는 전혀 다른 환경을 만든다는 것이다. 이를 경제사회에서는 '산업혁명'이라고 부른다. 3차 산업혁명을 주도한 지식과 정보의 시대는 지났다. 컴퓨터로 대변되는 3차 산업의 지식과 정보 에너지가 누적되어 4차 산업혁명으로 폭발한 것이다. 4차 산업혁명이 이미 진행된 현재를 살아가는 우리와 아이들이 바꿔야 하는 것은 무엇인가? 인공지능에 대체되지 않고 살아갈 수 있는 방법이 무엇일까? 아이들의 미래는 무엇을 준비해야 하는가?

미래의 핵심 키워드는 창의력이다. 한계가 없는 상상력의 기반 위에 창의

내 아이의 창의력을 키우는 비법

력은 자란다. 지식과 정보는 필요에 따라 적재적소에 쓰면 되는 것이다. 하지만 인공지능 시대에 철 지난 지식과 정보를 쌓기에 바쁜 지금의 우리 주입식 교육은 변해야 한다. 강남 8학군으로 대변되는 우리나라의 입시 교육 단면을 보자. 그 지역의 고액 강사는 학생들이 줄을 서서 기다린다. 그의 손을 거치면 점수가 반드시 올라가기 때문이다. 출세와 직결되는 유망한 대학을 가기 위해 한 점이라도 더 따야 하기 때문이다. 지식과 정보는 컴퓨터나 전화기에 물어보면 즉각 나오는데도 그것을 암기하여 입학시험의 기준으로 삼고 있다.

2013년 6월, 일본은 2020년 수능(센터 시험) 폐지를 선언했다. 그런데 이 결정이 교육부(문부과학성) 결정이 아니라 국무회의(각의) 결정이라는 것에 주목해야 한다. 일본은 교육 개혁을 단순히 교육계 차원의 문제가 아닌 국가 전체 차원의 미래 전략으로 접근한 것이다. 일본의 아베 신조 총리는 집권 후 한 달 만에 '경제 회생'과 '교육 재생'을 국가의 최우선 과제로 선포했다. 한국에서 2016년 있었던 알파고의 사태가 일어나기 3년 전의 일이다. 1868년 일본을 근대화로 만든 메이지 유신과 같이 국가 재건을 위한 핵심 전략으로 교육 개혁을 강력하게 추진한 것이다. 아베 총리는 2013년 1월 총리실 산하에 '국가교육재생회의'를 신설했다. 국민들이 미래 경쟁력을 갖기 위해 세계 최고 수준의 교육 기회를 갖게 한다는 것을 목표로 국가 교육 재건 사업을 시작했다. 이에 따라 2020년에 수능 폐지를 선언한 것이다. 이러한 결정은 일본의 미래를 이끌어갈 아이들 교육에 나라의 사활을 걸었다는 것이다. 마치 총 앞에서 칼을 휘두르는 사무라이 막부 시대를 문 닫듯이 일본의 주입식 교육도 국가 차원의 과감한 결단으로 문을 닫은 것이다.

2017년 5월 일본 교육부(문부과학성)에서 'IB를 통한 글로벌 인재 육성 방안 전문가 회의 보고서'를 발표했다. 일본은 2013년의 아베 총리의 '교육 재생' 발표 이후 단계적으로 준비해온 결과로 국가 차원에서 공교육 개혁을 위한 롤 모델로 IB를 전략적으로 도입한 것이다. IB(International Baccalaureate)란 국제 학위라는 뜻이다. 스위스 제네바에 있는 국제 학위 기구가 모든 과정을 주관하고 있다. 국제 바칼로레아의 목표는 자신의 정체성을 먼저 알고, 학습하는 방법을 습득하고, 다른 나라 문화에 대해 이해하고 소통하는 능력을 길러주는 것이다. 국제 바칼로레아 교육 방법의 핵심은 독서, 토론, 글쓰기로 이루어져 있다. 이는 '생각하는 힘', 즉 상상력과 창의력을 키우는 교육에 포인트가 맞추어져 있다. 일본의 이러한 결정은 4차 산업혁명이 시작된 이때 주입식 교육은 죽은 교육이라는 인식에서 출발한다. 인공지능 시대에 아이들 교육의 핵심 키워드는 상상력과 창의력이라는 결론이다.

04 / 아이의 상상력이 미래를 좌우한다

/ 자녀 교육에 국가의 번영과 존망이 걸려 있다 /

"우리 아이의 어떤 미래를 맞이하고 싶은가?"

"우리 아이가 받고 있는 교육이 인공지능을 리드할 수 있는가?"

"우리 아이는 한국을 넘어 세계를 리드할 수 있는 경쟁력을 준비하고 있는가?"

나는 대한민국 부모들에게 이것을 묻고 싶다. 질문이 정확하면 문제의 바위를 깨트릴 수 있기 때문이다. 지금의 주입식 교육을 계속 받고 있는 한, 3가지 질문에 대한 답은 우울할 수밖에 없다. 하지만 아직 늦지는 않았다. 일본은 2013년 국가적 프로젝트의 최우선 순위로 교육 혁신을 단행했다. 교육부의 주도가 아니라 국무회의로 단행한 국가적 프로젝트라는 것이다. 대세를 진단하고 미래의 준비를 위하여 아이들의 교육 체계를 정비, 혁신한다는 것은 100번 칭찬하고도 남음이 있다. 아이들의 교육에 나라의 미래가 달려 있다. 유대인이 나라를 잃고 전 세계로 흩어져 살게 된 것을 '디아스포라'라고 한다. 그들은 그럼에도 자녀 교육을 최우선 순위에 둔다. 그 결과 그들은 세계 금융시장을 리드한다. 그들은 세계에 흩어진 적은 인구로 금융시장뿐만 아니라 수많은 것들을 리드한다. 자녀 교육을 최우선 순위에 두어야 하는 것은 이런 이유 때문이다. 자녀 교육은 국가의 번영과 존망이 걸려 있는 문제이다. 나는 유대인의 교육이 세계 최고이니 본받자는 등 수없이 많은 글을 접할 때마다 속에서는 부아가 치밀어 오른다. 우리 민족의 피 속에는 찬란한 유전자가 숨 쉬고 있는데 왜, 우리의 교육은 이 모양이어야 하는지? 우리는 독립운동하는 마음으로 아이들의 창의력 교육에 집중해야 한다. 2013년 일본에서 교육 혁명으로 전격 도입한 'IB, 국제 바칼로레아'를 살펴봐야 한다.

/ IB 교육이란 무엇인가? /

전 세계 150여 개국이 도입한 IB 교육이란 무엇인가? IB 교육은 공인된 외부기관에 평가를 의뢰하는 토론 논술형 교육 과정이다. 스위스 제네바에 본부를 두고 있는 비영리 교육기관인 IBO(International Baccalaureate Organization)가 1968년 개발해 전 세계 153개국 4,783개 학교에서 운영되고 있다.

내 아이의 창의력을 키우는 비법

IB 교육 과정은 크게 4가지로 나뉜다. 초등 과정 프로그램 PYP(Primary Years Program), 중학 과정 프로그램 MYP(Middle Years Program), 고등학교 과정 프로그램 DP(Diploma Program), 직업교육 과정 프로그램 CP(Career-related Program) 등이다. 여러 단어가 혼재됐지만 사실상 핵심은 고등학교 과정인 DP다. 전문가들은 DP 과정이 안착되면 PYP와 MYP 등의 과정은 자연스레 따라올 수 있다고 말한다.

DP는 모국어인 제1언어, 제2언어, 사회, 과학, 수학, 예술 등 6가지 교과 학습 영역을 다룬다. 구조가 단순해 보이지만 교과군에서 어떤 과목을 선택하느냐와 어떤 심화 과목을 선택하느냐에 따라 다양한 형태로 나뉜다. 사회 과목 내에 경영학, 경제학, 지리, 역사, 정보기술, 철학 등으로 나뉘고, 과학 과목에서 생물학, 화학, 물리학, 환경학 등으로 나뉘는 식이다. 학생들은 6개 과목군에서 한 과목씩 총 6개 과목을 선택하되, 3~4개 과목은 '고급 수준'에서 2년 내 총 240시간의 수업을 받아야 하고, 나머지 과목은 '표준 수준'으로 1년 내 150시간의 수업을 받아야 이수할 수 있다. 평가 문항은 논술과 서술형 수행평가다. 무엇보다 IBDP 프로그램에 참가하는 학생들은 핵심 필수 과정인 지식론(Theory of Knowledge), 소논문(Extended Essay), 창의 체험 활동(Creativity, Activity, Service)을 이수해야 한다. 이 과정은 학생들이 학습에 치중하다가 놓치기 쉬운 예술 활동, 사회봉사 활동, 지식에 대한 사고력을 함양하는 것을 목표로 하고 있다. 국내 '에듀인뉴스 기획특집'에 기고된 현직 교사의 IB(International Baccalaureate) 교육에 대한 탁견을 보고 공감한 내용을 소개한다.

〈IB, 국내 교육 문제해결의 Key, '교육 과정 대강화, 학교 자치, 평가 공정성' 확보에 최적〉

IB 교육 과정은 긍정적인 면이 많다. IB에 대해 일부 교사들은 '일본이 교육 과정으로 IB를 도입하니까 깊게 분석하지도 않고 무조건 따라가려고 한다'거나 '소위 특권계층이나 엘리트만을 위한 교육을 하려는 것 아닌가?'라고 의심하며 비판하지만 그렇지 않다. 유행가를 따라 부르듯이 4차 산업혁명이나 주변국의 교육 동향이라는 시류에 추종하려는 것이 아니다. 그것을 통해 교사들이 그동안 '교사 패싱(교사의 전문성을 무시하는 정책 결정 과정)'이라고까지 하면서 지적해왔던 '교육희망'과 '한국사회의 고질병인 대입문제를 둘러싼 지역 간, 계층 간의 갈등'을 합리적으로 해결할 수 있다. 즉 국민이 교육 문제에 대해 보수와 진보로 갈라져 각자의 의견만 고집하며, 상대의 말을 경청하지 않고 합의하지 못하는 상황을 효과적으로 해결할 수 있다. (중략) 그 이유를 3가지 차원에서 설명하겠다.

첫째, 학문적이든 초학문적이든 서로 다른 교과 간의 핵심 개념을 연관해 사고하는 훈련이 이루어져야 하는데 IB 교육 과정은 그처럼 설계되어 있다. 가령 '초등 프로그램(PYP)', '중학교 프로그램(MYP)'은 복수 교과의 통합 교육

내 아이의 창의력을 키우는 비법

을 지향하며 '고등학교 프로그램(DP)에서는 교과 중심의 성격이 강해지지만 이를 융합적인 지식론(Theory of Knowledge, TOK)과 과제 논문(Extended Essay, EE)으로 보완하고 있다. 또한 교육 과정을 둘러싼 여러 갈등을 해결할 수 있다. (중략) IB는 '성취 기준'이 없다. 따라서 모든 학생이 도달해야 할 똑같은 '성취 수준'도 없다. 즉 학생의 지식과 기능 수준의 차이를 인정하고 개인별, 교과별, 수준별 수업을 가능하게 한다. 더구나 수업자료로서 교과서의 제약에서도 완전하게 벗어날 수 있다. 교과서가 국정인가, 검인정인가, 자유발행제인가가 무의미해진다. 나아가 꼭 교과서로 가르쳐야 할 필요도 없다. '교과서 진도 나가기' 식의 수업 문제도 사라진다. 결국 가장 진보적인 교사들이 주장하듯이 교사가 '교육 과정의 편성권'을 갖는 '국가 교육 과정의 대강화'를 구체적으로 실행하는 교육 과정이다. 그뿐 아니다. 교사가 수업자료를 연구할 동기를 갖게 되니 교사의 교수 학습 질이 향상될 수 있으며 교사 협업과 학습 공동체의 실질적 기반으로 작동한다.

둘째, '학생 참여형 수업'을 지향하면서도 '학생 중심형 수업'에 매몰되지 않고 조화를 이룰 수 있다. IB 교육 과정의 수업 모델은 '질문-학습활동-성찰'의 3단계로 구성되어 있는데 학생이 적극적으로 참여하지 않을 경우에 수업이 이루어질 수 없다. 더구나 학생이 개념을 명료하고 깊게 이해하기 위해 핵심 개념에 대한 학습이 이루어진 후에 바로 평가가 이루어지는 '백워드 설계에 기반한 수업(이해 중심 교육 과정)'을 하여 무엇보다 수업 목표가 중요해지기에 핵심 개념 중심의 깊이 있는 수업으로 비판적 사고력을 함양할 수 있다. 게다가 교과 간 통합이 '개념 중심의 융합'으로 새로운 학력에서의 통합 교과적 수업이 기능 중심으로 수행되고 지식을 소홀히 한 까닭에 기초학력 미달 학생이 늘어나고 학력이 저하되었던 문제도 해결할 수 있다.

셋째, 평가와 관련해 교육 과정이 권장하는 '과정 중심 평가(형성 평가)'를 실질적으로 실현할 수 있다. 과정 중심 평가를 지향하는 취지는 어떤 학생이든지 교육 목표에 이르게 하는 교수 학습이 중요하며 평가를 통해 성장이 이루어졌는지를 보려는 것이다. 즉 각자의 차이를 인정하고 수업이 학생들에게 각자의 다른 성장에 기여하도록 하는 데 있다. IB는 이에 부합한다. IB의 경우에 주어진 6개 영역에서 학생이 원하는 수준을 스스로 선택한다. 심지어 IBDP(고등학교 과정)에서 필수적인 논문의 주제도 자유롭게 정한다.

완전한 교육 과정은 없다. 그러나 IB가 그동안 우리 교육의 문제라고 지적해왔던 여러 사안에 대해 가장 합리적으로 해결하는 교육 과정이라면 적극적으로 받아들이는 것이 맞다. 물론 어떤 속도로 IB 과정을 추진하고 어떤 학교부터 시작할 것인가에 대해서는 소통과 협의가 필요하다. 그러나 기존 한국 사회의 교육 문제를 계속 지적하면서 그 문제를 상당 부분 해결하는 IB 교육 과정을 받아들이지 못하겠다는 것은 답이 아니다. 다시 말하면 질병을 해결하는 어떤 약이든 문제는 있다. 그런데 우리가 어떤 대상을 치료제인 '약'이라 하고 질병에 쓰는 것은 전혀 문제가 없다는 것이 아니라 부작용이 있지만 그것을 상쇄하고 남을 정도로 장점이 무척 많다는 말이다. 좋은 국가나 인간다운 사회는 국가적이고 사회적인 정책을 구상하고 집행할 경

내 아이의 창의력을 키우는 비법

우에 장점이 적고 부작용이 큰 것을 채택하지 않는다. 또한 장점만으로 구성된 정책은 없기 때문에 그와 같은 정책을 만든다고 국민에게 약속하지 않는다.

이상이 일본이 국책으로 실시한 교육 혁명의 핵심에 위치한 'IB, 국제 바칼로레아'이다. 지금의 주입식 교육을 개선하려는 현실에서 나는 IB 시스템으로 새로운 활로를 보았다. IB로는 아이의 미래를 좌우하는 상상력과 창의력을 키울 수 있다. 국가적인 차원에서 전면적인 검토를 해야 할 필요가 있다.

05 / 상상력 넘치는 아이의 세상이다

/ 미래는 상상력과 창의력으로 승부한다 /

"아빠, 계피차가 입가심엔 최고예요. 근데 맛은 좋은데요. 멍멍이 피로 만든 거라 좀 그래요."

"멍멍이 피로 만든 거라고 생각하면서도 그렇게 맛있게 먹어?"

"그럼 아니에요?"

"개의 피로 만든 것이 아니야. '계수나무 계(桂), 껍질 피(皮)' 계수나무 껍질과 흑설탕 넣고 푹 고아서 곶감이나 잣을 띄워서 먹는 거다. 주재료가 계수나무 껍질이라서 계피차라고 하는 거야."

"아. 그렇구나. 나는 멍멍이 피로 만드는 줄 알았어요. 그래도 맛있어서 그냥 먹은 건데 이제 맘 놓고 먹어도 되겠어요."

내 아이의 창의력을 키우는 비법

늦장가를 드는 후배의 결혼식에 아들을 데리고 참석했다. 나는 신랑과 신부 모두 친분이 막역한 사이라 그들의 결혼을 진심으로 축복했다. 아이와 나는 하객들과 인사를 하며 뷔페로 차려진 잔치 음식을 즐겼다. 음식을 다 먹은 후에 계피차로 입가심을 하며 나눈 이야기다. 나는 아이의 이런 상상력을 접하면 힐링이 된다. 나를 닮아 먹성이 좋은 아이는 씹히는 것은 가리지 않고 다 먹는다. 아무리 그래도 입가심으로 마시는 계피차가 멍멍이 피로 만든 것으로 상상을 한다는 게 내 상상의 범위를 넘어버렸다. 이런 아이를 주입식 학습으로 죽은 교육을 시켜야 한다니 끔찍하다. 지금까지 인류를 혁신적으로 변화시키고 발전시켜온 인물들은 주입식 교육으로 승부한 사람들이 아니다. 자신의 상상력과 창의력에 충실한 사람들이었다. 앞으로도 여기에는 변함이 없다. 미래 세상 역시 상상력 넘치는 아이의 세상이다.

/ 자유와 창의학습이 없는 교육 시스템은 미래가 없다 /

2013년에 시작된 일본의 교육 혁명은 주입식을 완전히 근절해서 아이들의 창의성과 융복합 능력을 기르는 데 초점이 맞추어져 있다. 일본이 국가 차원의 IB를 도입한 것은 공교육 전체 시스템을 교체하는 것이다. 청소년 교육은 국가의 100년 후를 가늠하는 초석이다. 한 국가의 유아, 초중고의 교육 체계를 보면 그 나라의 미래를 예측할 수 있다. 우리나라는 신식교육으로 개편된 이후 산업화를 이루어 경제 대국을 만들었다. 우리나라는 2019년 통계로 GDP가 1조 7천억 달러로 세계 순위 10위에 랭크되어 있다. 하지만 지금의 교육으로는 인공지능으로 대변되는 4차 산업혁명 시대의 주인이 될 수 없다. 현재 우리는 교육의 위기에 봉착해 있다. 가까운 일본의 교육을 살펴보았으니 중국의 교육 역시 들여다봐야 한다.

공산체제에서는 상상력과 창의력은 허용이 되지 않는다. 중국은 30여 년 동안 많은 부를 이루었지만, 사상의 자유가 없으므로 교육 체계가 한계에 봉착했을 것이다. 중국은 값싼 노동력과 소비시장을 발판으로 산업 강국으로 부상했다. GDP(국내 총생산) 13조 3680억 7,300만 달러로 세계 2위로 올랐다. 1위는 GDP 20조 6천억 달러의 미국, 3위는 5조 달러에 육박하는 일본이다. 우리나라는 지정학적으로 GDP 2위와 3위의 나라 사이에 껴 있는 형국이다. 역사적으로 해양 세력은 대륙 진출을 열망하고 대륙 세력은 해양으로 진출을 꿈꾼다.

21세기 들어 중국 정부는 교육을 우선 발전의 전략적 지위에 놓고 '과학교육흥국(科敎興國)'을 전략방침으로 제창했다. 교육 체제 개혁과 전인교육을 계속 심화시키고, '9년 의무교육제 보급'과 '청장년 문맹 퇴치'를 교육 중점 사업으로 꾸준히 추진해왔다. 중국은 '세계와 미래, 현대화를 향해!'라는 구호를 외친다. 중국의 교육은 근본적인 체제 문제가 있다. 교육의 중심에는 자유와 자기정체성 발견을 기초로 하여 자율 경쟁을 하여야 하는데 공산체제

내 아이의 창의력을 키우는 비법

에서는 허용되지 않는 부분이다. 경제는 자본주의 형태를 취해 일시적인 성장이 있을 수 있지만 공산주의 체제를 유지하려면 국민의 자유가 제한되어야 한다. 교육 혁신을 언급하는 자체가 모순이다. 아이들의 교육이 그 나라의 미래인데 자유와 자기정체성 발견, 창의학습이 없는 교육 시스템은 미래가 없다. 교육은 중국의 딜레마다. 실질적인 전인교육이 불가능한 그들은 전략적으로 과학 교육 기술 발전을 택했다. 과학교육흥국을 외치는 중국의 인공지능 산업을 살펴본다.

중국의 인공지능 기업이 82만 개에 달하는 것으로 조사됐다. 중간에 사업을 접은 기업도 9만 개에 달하는 것으로 나타났다. 인공지능 기업들은 1선 도시인 베이징, 상하이, 광저우, 선전에 몰려 있다. 중국은 도시 규모와 영향력 등을 기준으로 1선 도시, 2선 도시 등으로 분류하고 있다. 1선 도시는 베이징, 선전, 상하이, 광저우 등이다. 베이징에서 열린 '2019 소후커지(搜狐科技) AI 포럼'에서 소후닷컴과 중국 기업 정보 플랫폼 톈옌차(天眼查)는 '2019 중국 AI 혁신 보고서'와 '2019 소후커지 중국 AI 혁신 100순위'를 발표했다. 보고서에 따르면 중국 전국의 인공지능 기업 수는 82만 개에 이르며 이는 중국 전체 기업 수의 0.43%다. 약 84%의 기업이 설립 5년 내 기업이다. 2013년부터 2016년까지 인공지능 기업이 급속도로 발전했지만, 2016년 이후 증가 속도가 다소 둔화됐다. 하지만 여전히 40%의 높은 증가율을 보이고 있다.

2018년 중국 장시성 난창시에서는 홍콩 스타 장쉐유(張學友, Jacky Cheung)의 콘서트가 있었다. 무려 5만 명 관중이 운집한 콘서트장에서 경제 범죄로 수배 중이던 31세 남성이 중국 공안에 체포됐다. 그를 잡아낸 것은 얼굴인식 기술이었다. 콘서트장에 입장하려면 카메라를 통과해야 하는데 이때 촬영된 영상을 얼굴인식 기술로 분석해 수배자를 찾아냈다. 그가 콘서트장 자리에 앉자마자 중국 공안에 체포됐다. 체포된 남성이 군중 속에서는 안전할 거란 생각에 아내와 함께 90㎞ 넘게 운전해 콘서트에 왔다고 한다. 어디로도 숨을 곳 없고, 누구도 피할 수 없다. 중국이 세계 최고 수준의 얼굴인식 인공지능 기술과 촘촘한 카메라 네트워크를 통해 강력한 감시망을 구축한 것이다.

중국 정부는 이미 상하이에 본사를 둔 보안회사 이스비전과 손잡고 13억 명의 전 국민 얼굴을 3초 안에 구별하는 얼굴인식 시스템 개발을 추진했다. 얼굴인식 인공지능에 대한 중국 공산당의 슬로건은 '대중의 눈은 눈처럼 밝다(群众的眼睛是雪亮的)'이다. 여기에서 이름을 따온 쉐량(雪亮) 공정은 중국 공산당 중앙위원회가 공식적으로 밝힌 사실이다. 중국 쓰촨성의 경우 이미 쉐량 공정의 일환으로 14,000개 마을에 4만 대 이상의 감시 카메라를 설치했다. 중국 언론 보도에 따르면 데이터 통합 대상엔 단순히 길거리 CCTV뿐 아니라 가정 내 스마트TV와 개인용 스마트폰 같은 인터넷에 연결된 모든 카메라가 포함된다.

내 아이의 창의력을 키우는 비법

이러한 기술이 인권 유린을 야기할 거란 비판의 목소리가 높다. 프랑시스 이브(Frances Eve) 중국인권보호네트워크 연구원은 〈워싱턴 포스트〉 인터뷰에서 "중국 정부는 인권 활동가나 소수 인종을 범죄자로 취급하고 있고, 이러한 기술로 인해 이들이 붙잡혀 있을 가능성이 있다."라고 지적했다.

나는 중국의 이러한 기술 발전은 한계가 있다고 본다. 국가의 미래를 열어가는 자율과 창의적인 공교육이 뒷받침되지 않기 때문이다. 기술 발전은 교육의 바탕 위에 진행되어야만 미래가 있다. 기술 발전으로 단기간에 산업의 발전을 이루었지만 공산체제를 유지하기 위해 천문학적인 재정을 소모한다. 창의적인 교육 시스템은 아이의 상상력을 키우고 스스로의 정체성을 찾게 한다. 기술적인 교육만으로는 한계가 있다. 중국의 교육 딜레마는 여기에 있다. 미래는 상상력 넘치는 아이의 세상이다. 제한 없이 자유로운 상상력에 기반을 둔 자기 정체성 발견과 창의적 교육이 국가의 미래를 결정하기 때문이다.

/ 아이의 상상은 현실이 되었다 /

"아빠, 모기를 유전자 개량해서 입을 빨대로 쓰면 활용도가 높을 것 같아
요."

"만약에 놓쳐서 번식하기라도 한다면 인류에게 재앙이 되잖아. 그 모기에
피 빨려봐라. 한 모금만 빨려도 1.5리터 페트병 하나다."

"그건 너무 끔찍하네요. 거미도 생각해봤는데요. 거미줄로 옷을 만들면
대박이겠어요."

"아마존에 서식하는 치까마까 거미가 있는데 그 거미줄이 제일 질기다더
라."

아이와 유전자 개량에 대해 얘기할 때만 해도 나는 장난이 반이었다. 아

이는 진지했지만 나는 그저 아이의 상상이 신기하고 재미있기만 했다. 아이의 상상은 창조의 시작이다. 지금의 모든 현실은 어느 누군가의 상상에서 시작했다. 역사적으로 자연물에서 힌트를 얻어 현실 창조를 한 사례는 차고 넘친다. 원시시대에 사용되던 칼과 화살촉 같은 사냥도구는 육식동물의 날카로운 발톱을 모방해 만들어졌다. 15세기 이탈리아의 천재적인 미술가 레오나르도 다빈치는 흥미로운 그림들을 많이 남겼다. 하늘을 나는 새를 관찰하고 설계한 비행기 도면이다. 다빈치의 설계 도면은 비행기와 헬리콥터의 이론적 기반을 제공했다고 한다. 라이트 형제는 대머리독수리가 나는 것을 보고 비행기를 만들었다. 미국 워싱턴대 연구팀은 전복 껍데기의 분자 배열을 분석해 탱크의 철갑을 만들어냈다. 한국과학기술원 화학공학과 이상엽 교수는 홍합을 연구해 생체 접착제를 만들었다. 홍합이 아무리 거센 파도에도 바위에 단단히 붙어 있는 데에서 착안했다고 한다. 이 교수가 개발한 홍합 접착제는 물에 젖을수록 더욱 강력한 접착 능력을 자랑한다. 홍합 접착제는 의학에서 혁명과 같은 변화를 몰고 올 수 있다. 예를 들어 의사는 환자를 수술한 후 상처를 실로 꿰맬 필요 없이 접착제를 바르기만 하면 된다. 미국에서는 홍합의 힘줄을 구성하고 있는 콜라겐 섬유를 이용해 사람의 피부보다 5배나 질기고 16배나 잘 늘어나는 인공 피부를 만드는 연구를 하고 있다.

아이의 거미줄 상상은 현실이 되었다. 아이와 거미줄 유전자 활용에 대해 대화를 나눈 지 몇 년이 지나지 않아 거미줄 섬유를 개발하는 데 성공했다는 기사를 봤다. 국내에서 거미줄을 연구해 방탄복, 수술용 실에 적용이 가능해졌다는 내용이다.

〈거미줄 섬유 개발 성공, 방탄복, 수술용 실에 적용 가능〉

"수술용 실이나 방탄조끼 등에 두루 쓸 수 있는 '인공 거미줄'을 만드는 기술이 개발됐다. 스웨덴 농업과학대, 중국 동화대, 스페인 마드리드공대 등이 참여한 국제연구진은 거미의 거미줄 생산 기관인 '방적관(spinning ducts)'을 본뜬 장치를 개발하고 이를 이용해 실제 거미줄과 유사한 인공 섬유를 만들었다고 밝혔다. 이 인공 섬유는 방탄복 소재인 케블라 섬유에 비견할 정도의 강도와 탄성을 지녔다. 생체적합성도 뛰어나 수술용 실 등 의료 분야에서도 활용도가 높을 것으로 기대된다."

실로 놀라운 일이어서 유전자 관련 자료를 찾아보니 거미줄 연구는 이미 연구되어온 소재였다. 우리나라는 늦은 것이었고 세계적으로 오래전부터 연구를 해왔고 성과를 내고 있었다. 거미줄로 옷감을 짜면 같은 두께의 강철보다 10배는 강하다. 철사 줄 정도의 두께면 피아노도 천장에 너끈히 매달 수 있을 정도다. 강도뿐만 아니라 유연성도 대단하다. 한 가닥의 거미줄을 수십 km까지 늘이는 데 성공했다. 이러한 기술을 생체모방학(biomimetics)이라고 한다.

내 아이의 창의력을 키우는 비법

생체모방(Biomimetics)은 생명을 뜻하는 'bios'와 모방이나 흉내를 의미하는 'mimesis' 이 2개의 그리스 단어에서 따온 단어로, 자연에서 볼 수 있는 디자인적 요소들이나 생물체의 특성들의 연구 및 모방을 통해 인류의 과제를 해결하는 데 그 목적이 있다. 생체모방학의 선구자인 재닌 베니어스는 생체모방을 '자연이 가져다준 혁신'이라 정의하였다. 현재의 생체모방학은 새로운 생체 물질을 만들고, 새로운 지능 시스템을 설계하며, 생체 구조를 그대로 모방하여 새로운 디바이스를 만들고, 새로운 시스템을 디자인하는 데 많은 도움을 주고 있다. 하지만 4차 산업혁명으로 접어든 지금은 기술이 폭발적으로 발전하고 있다. 생체모방(Biomimetics) 기술이 무색하게 되었다. 유전자 편집(Genome Editing) 기술이 현실에 적용이 되고 있기 때문이다. 인공지능이 기계에 의한 기술 발전이라면, 유전자 편집은 생명의 분야까지 인공적으로 창조하는 기술 발전이다. 신의 영역이라 불리는 생명을 창조하는 데까지 이르렀다.

유전자 편집(Genome Editing) 기술은 유전자 가위라고도 한다. 동식물 DNA 부위를 자르는 데 사용하는 인공 효소로 유전자의 잘못된 부분을 제거해 문제를 해결하는 기술이다. 즉, 손상된 DNA를 잘라내고 정상 DNA로 갈아 끼우는 짜깁기 기술을 말한다. 돼지의 장기에 DNA를 제거하여 인간에게 이식할 때의 문제점을 해결하거나 줄기세포, 체세포의 유전병의 원인이 되는 돌연변이를 교정, 항암세포 치료제와 같이 다양한 활용 가능성에 기대를 얻고 있다.

  유전자 편집 누에에 거미줄 생산 단백질을 주입시키는 방식으로 거미줄 소재의 지속적 생산이 가능하도록 했다. 크레이그 바이오크래프트 연구소에 따르면, 거미줄 실크의 제작 비용은 kg당 150달러로 경쟁 소재인 E.coli 섬유의 130,000달러와 비교도 안 되게 저렴하다. 크레이그 바이오크래프트 연구소는 '거미줄은 그 어디에서도 볼 수 없는 독특하고 강한 소재로, 특히 군인들에게 방탄복보다 가벼우면서 성능은 뛰어난 새로운 유형의 군복을 제공할 수 있을 것'이라고 밝혔다.

  중국 농업대학 국가 중점 실험실에서는 거미줄에 함유된 생물강(lead silk albumen)은 인류가 알고 있는 실 중 강도가 가장 높은 재료라고 한다. 거미줄에는 모두 7종류의 단백질이 들어 있는데 이 가운데서 생물강의 강도가 가장 높아서 직경 5mm의 생물강 실사로 정상 비행 중인 보잉 747 비행기를 강제로 정지시킬 수 있을 정도라고 한다. 강철의 강도보다도 몇십 배 높기 때문에 '생물강(生物鋼)'으로 불리게 되었다.

  1999년 5월, 미국에서는 처음 양젖에 생물강을 함유한 유전자 편집 양을 배양, 성공적으로 인조 'spider's thread lead silk'를 제작한 바 있었다. 양젖에서 거미줄 단백질을 분리해 인조 거미줄을 만드는 것이다. 유전자 편집 젖소를 배양, 젖소에서 생물강을 함유한 젖을 짜 생물강을 대량 생산할 계획이라고 한다.

/ 양적 변화가 누적되면 질적 변화로 이어진다 /

독일의 철학자 헤겔은 '양질 전환의 법칙'을 주장했다. 일정 수준의 양적 변화가 누적되면 어느 순간 질적인 변화로 이어진다는 주장이다. 즉, 내부에 에너지가 축적되면 어느 순간 그것이 폭발하며 이전과는 전혀 다른 환경을 만든다는 것이다. 생체모방(Biomimetics)은 오랜 역사를 가지고 있다. 오랜 에너지가 축적되어서 유전자 편집(Genome Editing)까지 왔다. 어찌 보면 인공지능보다 더 우위에 있는 기술이다. 자연계의 모방에서 창조를 위한 편집까지 온 것이다.

아이가 모기와 거미를 보고 유전자 연구를 통해 유용한 물건을 만들어내자는 상상은 현실 창조의 시작이다. 지금의 현실은 어느 누군가의 상상에서 시작했다. 미래는 창의적인 아이의 세상이다. 따라서 아이를 상상력이 풍부한 창의적인 아이로 키워야 한다.

07 / 아이에게 가장 필요한 것은 창의력이다

/ 집에 TV를 두지 않았다 /

"아빠, 저는 우리 집에 TV가 없는 게 너무 좋아요."

"다행이다. 아빠는 너희들과 대화하고 책보는 게 좋다."

"TV 보며 깔깔대고 멍하게 앉아 있으면 시간이 아깝잖아."

"맞아요. 보고 싶은 건 컴퓨터로 찾아봐도 얼마든지 보잖아요."

"친구들 집에 가보니까 다 TV 앞에 앉아서 TV 보며 이야기를 했어요."

"저는 그러면 슬플 것 같아요. 집에 TV 안 둔 것은 참 현명하셨어요."

나는 아이들이 어릴 때부터 지금까지 집에 TV를 두지 않았다. 주위에서는 "유행에 뒤떨어지지 않냐? 너무 심심하지 않냐?" 등등 우려가 있었지만 신경 쓰지 않았다. TV 앞에서 연예인들의 사생활이나 엿보고 연예인들 몇

내 아이의 창의력을 키우는 비법

명이 둘러앉아 게임 하는 것을 보며 유쾌하게 박수치며 시간을 보내는 것이 내겐 너무나 무의미했다. 덕분에 TV 시청 대신 '벽에 붙은 대형 지도에서 지명 찾기 놀이'나 대화를 하는 시간이 많아서 좋았다. 호기심이 많아 궁금한 것이 있으면 책을 구입하는 게 일이었다. 독서를 하니 책은 쌓여 있었다. 아이들은 자연스럽게 독서를 하였다. 이사를 할 때면 책을 옮기는 게 제일 큰 일이었다. 나는 지금까지 잘한 것 중 하나가 집에 TV를 두지 않은 것이라 생각한다. 아이들이 TV를 보는 것보다 밖에서 친구들과 마음껏 뛰어놀고, 집에서는 부모의 대화와 자기만의 시간을 가지면서 공감 능력과 창의적 상상력이 자란다고 나는 믿었다.

나는 데이비드 색스의 책 『아날로그의 반격(The Revenge of Analoge)』에 나온 많은 부분을 공감한다. 부제가 '디지털, 그 바깥의 세계를 발견하다'인데 요지는 디지털 시대에 아날로그 방식이 돈이 된다는 것이다. 인공지능이 현대 문명의 기초가 된 이 시점에서 왜 아날로그를 얘기하는지 몇 가지를 소개한다.

"레코드판으로 음악을 듣는 경험은 디지털 파일로 듣는 것에 비해 효율적이지 않다. 더 번거롭고 음향적으로 더 뛰어나지도 않다. 하지만 레코드판으로 음악을 감상하는 것은 하드 드라이브의 음악을 꺼내 듣는 것보다 더 큰 만족감을 준다. 레코드판이 꽂힌 서가에서 앨범을 골라 디자인을 꼼꼼히 들여다보다가 턴테이블의 바늘을 정성스레 내려놓는 행위, 그리고 레코드판의 표면을 긁는 듯한 음악소리가 스피커로 흘러나오기 직전 1초 동안의 침묵, 이 모든 과정에서 우리는 손과 발과 눈과 귀, 심지어 레코드 표면에 쌓인 먼지를 불어내기 위해 가끔은 입도 사용해야 한다. 우리가 가진 감각을 더 많이 동원하게 되는 것, 효율성이 떨어진다는 것이 더 재미있는 경험이라는 것이다."

"하버드 비즈니스 스쿨의 라이언 라파엘리 교수는 스위스가 다시 한번 부상한 이유는 테크놀로지의 재출현 덕분이라고 역설한다. 스위스의 경우 자기들의 테크놀로지를 새롭게 포장했다. 첫째, 그들은 적당한 가격에 패션 감각을 갖춘 브랜드를 만들면서 정밀함보다는 감성으로 경쟁할 수 있음을 보여주었다. 둘째, 수공의 개념을 쇄신함으로써 파텍 필립 같은 브랜드에 고가의 럭셔리 지위를 부여한다. 사람들은 테크놀로지나 시계의 가치를 경험하는 것이 아니라 여러 세대에 걸쳐 전승된 기술을 경험하는 것이다. 사람들은 애초에 그 형태를 만들고 구조를 짰던 사람의 손을 연상한다. 그런 것들이 야말로 사람들이 5만이나 10만 달러를 지불하는 럭셔리다. 그것은 시계 부품이 지닌 물질적 가치 혹은 정밀함의 가치보다 훨씬 중요하다. 정확한 시간을 원한다면 휴대전화를 보면 되니까."

"버즈피드나 허핑턴포스트 같은 새로운 디지털 매체가 뉴욕타임즈보다 많은 독자를 확보했다고 주장하지만, 이들 독자의 충성도를 뉴욕타임즈 독자들의 충성도와 비교하기 어렵다. 한쪽은 사람들이 신문사의 브랜드와 정체성을 믿고 꾸준히 시간과 돈을 투자하고, 다른 쪽은 사람들이 낚시성 헤

내 아이의 창의력을 키우는 비법

드라인에 걸려서 그때그때 클릭하고 휙 훑어보기 때문이다. 버즈피드는 몇몇 뛰어난 작가를 고용해서 가끔 고품질의 기사를 내놓기는 하지만 웃음을 주는 각종 리스트와 9가지 고양이 사료의 맛 테스트에 관한 기사들로 대부분의 독자를 끌어들인다."

"임원들은 회의에서 파워포인트 PT를 금지했고 회신에 회신을 거듭하는 이메일 사슬에 제한을 두었다. 사무실의 자리를 개방형으로 배치했다. 이 모든 것이 직원과 경영진 간의 실시간 대화를 늘리려는 노력이었다."

"전 세계에서 가장 앞선 진보적인 회사들이 아날로그를 수용하는 것은 아날로그가 멋있어서가 아니다. 아날로그가 가장 효율적이고 생산적 비즈니스 방식이라는 점이 입증되었기 때문에 수용하는 것이다. 아날로그가 그들에게 경쟁 우위를 선사하기 때문에 수용하는 것이다."

"오프라인 서점이 다시 성장하기 시작했다. 불황기에 최저점을 찍었던 판매량이 다시 올라가기 시작했을 뿐만 아니라 더 중요하게는 서점의 숫자가 늘어나기 시작했다는 것이다. 핸드셀링이란 서점업계 용어로 쉽게 말해 서점 직원이 손님이 읽고 싶어 할 만한 책을 찾아 손님에게 건네주는 것이다. 이는 손님의 보디랭귀지를 읽고, 시선을 맞추고, 취향을 묻고, 손님이 좋아할 만한 책을 권하는, 가장 기초적인 대인관계 기술을 필요로 한다."

/ 실리콘밸리의 가정 문화는 아날로그식의 교육이다 /

인공지능의 메카로 불리는 실리콘밸리의 가정 문화는 아날로그식 교육을 하고 있다. 또한 실리콘밸리의 기업들은 임직원들의 유대와 창의력을 위해 디지털을 지양하고 아날로그를 추구하는 문화를 가지고 있다. 실리콘밸리 는 1959년 세계 최초로 인공지능 연구소를 만든 곳이다. 지금도 지구상 최첨 단 인공지능 기술을 발전시켜가는 곳이다. 인공지능 시대에 인간의 역할과 세상의 변화에 대해서 가장 잘 알고 있는 곳이다. 그들은 아이들이 인공지 능에 종속되지 않으려면 어떤 교육을 받아야 하는지를 안다. 다음은 그들이 아이들을 지도하고 있는 교육관이다.

"독서와 사색을 하고 예술과 자연을 접하라. 다른 사람들과 진실하게 교류 하면서 자기 안의 인간성과 창조성을 발견하고 강화하라. 그러면 인공지능 시대에 저절로 리더가 된다. 디지털이 아날로그를 흉내 낸 것에 불과하듯이 인공지능은 인간을 흉내 낸 것에 불과하다. 인공지능은 인간 고유의 능력인 공감 능력과 창조적 상상력을 가진 사람을 절대로 대체할 수 없다."

역사적으로 어느 시대 어느 나라를 막론하고 세상을 리드하고 지배하는 계급은 상위 1% 정도에 불과했다. 지금 실리콘밸리에서는 세계를 이끌어갈 상위 1% 아이들에게 공감 능력과 창의력에 포인트를 두어 가르치고 있다. 내 아이에게 가장 필요한 것은 창의력이라는 결론이다.

내 아이의 창의력을 키우는 비법

이 땅의 아이들이 스스로 만든 멋진 세상에서 주인으로 살아가기를

"아빠에게.

아빠. 지금은 2016년 6월 12일 일요일입니다. 머리 이발하고 건빵 먹으면서 별사탕을 입속에 녹여가며 편지를 쓰고 있습니다. 종교행사는 천주교로 갔습니다. 초코파이를 주는데 얼마나 맛있는지. 여기서 옷, 팬티, 바지 등등 접고 수납하는 법 배우는데 아빠와 여행 가서 아빠가 보여주신 수납 방식이랑 똑같습니다. 그리고 여기 화랑 훈련소에 온 지 3일 됐는데 전라도, 서울, 포항, 부산 각 지역 친구들이랑 친해졌습니다. 감정이 수축되고 감수성이 풍부해집니다.

아빠. 여기서 각 지역 친구들을 만나니 너무 즐겁고 행복합니다. 그리고 아빠 말대로 온 지 얼마 안 됐는데도 짜장면이 생각납니다. 아빠가 걸어온 길을 뒤따라 첫째 아들이 왔다 전역하고 이제 둘째 아들까지 군대에 왔습니다.

그리고 춘천까지 오셔서 저를 배웅하러 온 친구들 짜장면 사주신 것 너무 감사합니다. 저도 그대로 제 아들 군대 갈 때 물려주겠습니다. 군대 와서의 첫 편지.

아빠를 사랑하고 최고로 존경하는 막내.
슈퍼맨 같은 존재 우리 아빠의 막내 서오.

※ 저 훈련소 배치 화랑부대입니다. 주변 동기들이 부러워합니다."

아이가 군 입대 후 보내 온 첫 편지다. 지금도 군사우편이 찍혀 있는 봉투에 볼펜으로 쓴 정겨운 글씨의 편지를 간직하고 있다. 아이는 나의 아버지가 복무하셨던 부대에서 군 생활을 했다. 아이의 할아버지는 당신이 근무했던 사단에서 손자가 근무를 한다고 하니 대견해하셨다. 아이는 할아버지와 뒷모습이 99%가 닮았다. 걸음걸이는 100% 닮았다. 나와 아이들은 멀리 떠날 때나 오랜만에 만나면 오른손으로 주먹을 쥐고 심장을 두드린다. 아들의 뛰는 심장에 아빠의 뜨거운 피가 들었고, 할아버지와 만 년의 조상님 피가 흐르고 있다는 우리만의 세리머니다. 아이들과는 이렇듯 유치찬란한 뭔가가 하나쯤 있는 것이 좋다.

공부를 잘하는 아이는 공부를 하면 된다. 하지만 우리나라 아이들은 모두 공부를 잘하는 데 모든 것을 집중하고 있다. 나는 우리나라 교육이 아이들의 재능을 찾는 데 더 신경을 써주면 좋겠다. 우리는 사는 동안 죽음 이외에 정해진 것이 없다.

소중한 우리의 아이들은 살면서 원하는 것, 잘하는 것을 경험하기 위해 이 땅에 태어난 것이다. 그것도 최고의 경험 말이다. 최고의 경험은 아이가 자라면서 행복감과 충만감을 안겨준다. 아이가 어른이 되어서 자유롭고 행복한 삶을 살 때 세상은 다채롭고 아름답게 빛날 것이다.

생각에는 법칙이 있다. 말에도 법칙이 있다. 생각과 말은 창조의 힘이 있다. 아이가 생각하고 말한 대로 아이의 미래는 창조된다. 그래서 아이의 교육은 위대한 것이다. 위대한 만큼 주의를 기울여야 한다. 아이의 욕망은 소중하고 아름다운 것이다.

나는 이 책에서 사랑과 욕망, 자유로운 꿈과 창의적 상상을 얘기했다. 나는 이 땅의 아이들이 스스로 만든 멋진 세상에서 주인으로 살아가기 바란다. 아이들이 어떤 생각을 가지느냐에 따라 미래가 결정된다.

"나는 당신을 위해 일할 수도 있고 당신의 일을 방해할 수도 있다. 나는 당신을 성공하게 만들 수도 있고 실패하게 만들 수도 있다. 나는 당신의 느낌

내 아이의 창의력을 키우는 비법

과 행동을 통제한다. 나는 당신을 웃게 할 수도, 일하게 할 수도, 사랑하게 할 수도 있다. 나는 당신의 마음을 즐겁게 할 수도, 흥분되게 할 수도, 신나게 할 수도 있다. 나는 당신을 비참하게도 낙담하게도 우울하게도 만들 수 있다. 나는 결코 사라지지 않는다. 다만 다른 것으로 바뀔 뿐이다. 나는 무엇일까? 바로 '생각'이다." - 『100억 부자의 생각의 비밀』 중에서